国家科技支撑计划项目课题资助研究成果（课题编号：2015BAK10B01）

我国城镇应急管理机制和应急预案体系建设规划

聂　锐　雷长群　刘　玥　叶李斐　著

中国矿业大学出版社
·徐州·

图书在版编目(CIP)数据

我国城镇应急管理机制和应急预案体系建设规划/聂锐等著.—徐州：中国矿业大学出版社，2017.12

ISBN 978-7-5646-3809-2

Ⅰ.①我… Ⅱ.①聂… Ⅲ.①城镇—突发事件—公共管理—研究—中国 Ⅳ.①D63

中国版本图书馆CIP数据核字(2017)第313264号

书　　名 我国城镇应急管理机制和应急预案体系建设规划
WOGUO CHENGZHEN YINGJI GUANLI JIZHI HE YINGJI YU'AN TIXI JIANSHE GUIHUA

著　　者 聂　锐　雷长群　刘　玥　叶李斐

责任编辑 马晓彦　孙　景

出版发行 中国矿业大学出版社有限责任公司
(江苏省徐州市解放南路　邮编221008)

营销热线 (0516)83884103　83885105

出版服务 (0516)83995789　83884920

网　　址 http://www.cumtp.com　**E-mail**:cumtpvip@cumtp.com

印　　刷 江苏凤凰数码印务有限公司

开　　本 787 mm×1092 mm　1/16　**印张** 14　**字数** 350千字

版次印次 2017年12月第1版　2017年12月第1次印刷

定　　价 58.00元

本书课题组成员名单

组长 聂　锐　中国矿业大学管理学院教授

雷长群　国家安全生产应急救援指挥中心教授级高级工程师

成员 安景文　中国矿业大学(北京)管理学院院长、教授

游志斌　国家行政学院应急管理培训中心副教授

秦挺鑫　中国标准化研究院副研究员

钟少波　清华大学工程物理系公共安全研究院副研究员

王龙康　中国电子信息产业发展研究院助理研究员

刘　玥　中国矿业大学管理学院副教授

王德鲁　中国矿业大学管理学院教授

丁　伟　新疆工程学院经济管理学院副教授

杨明智　中国矿业大学管理学院讲师

张召浦　中国矿业大学管理学院讲师

王　娟　中国矿业大学管理学院硕士生

高　凯　中国矿业大学管理学院博士生

马文笑　中国矿业大学管理学院硕士生

朱　亮　化学工业出版社助理编辑

叶李斐　江阴市科技创新服务中心主任

前　言

近年来，我国城镇经济规模发展迅速，在我国社会经济发展中的地位日趋提升。但是，城镇特别是小城镇高速发展的经济规模与其资源环境承载能力严重不匹配，导致城镇各类突发事件频发，损失惨重。目前，我国城镇地区面临应急管理能力普遍较弱、资源相对有限、应急管理组织机构不健全、公众防护能力不足等突出问题。课题研究旨在搭建城镇应急管理机制和应急预案体系建设综合管理平台，开发城镇典型突发事件应急预案情景模拟分析和快速应对提示软件，并选取典型城镇进行工程示范，提升我国城镇的巨灾应对能力。

本书由国家“十二五”科技支撑计划项目课题“城镇应急管理机制和应急预案体系建设规划”(2015BAK10B01)的研究成果集结而著。主要研究成果有：

第一，通过美国、日本、德国、法国、英国等国与我国应急管理对比分析，并结合我国城镇应急管理的实际，提出完善我国城镇以“一案三制”为核心的应急管理体系的政策建议。

第二，编制了《政府预案编制标准》和《企业预案编制标准》。《政府预案编制标准》是指导应急预案编制的国家标准，从编制目的、风险评估与应急资源调查、组织指挥体系、监测预警、应急响应、应急保障、应急预案管理、附件、附则等方面对城镇应急预案的编制进行了规范。《企业预案编制标准》规定了我国企业单位及基层组织突发事件应急预案的编制原则以及各要素的编写要求。

第三，设计开发了我国城镇典型突发事件应急预案情景模拟分析和快速应对提示软件，包括城镇应急预案管理子软件和城镇应对巨灾能力子软件，为城镇应急管理机制和应急预案体系建设规划提供了技术支撑。

第四，选择江阴市作为示范区，将以上研究成果进行试应用。结合江阴市应急管理现状，提出该市在应急管理体制、机制、法制和应急预案建设上的建议。选取危险化学品企业火灾事故和长江水域传播污染事故编写应急预案。同时，在系统研究自然灾害、地震灾害、安全事故、环境污染四类典型突发事件演化机理的基础上，从灾害监测预警能力、灾害准备减缓能力、灾害应急响应能力和灾害恢复重建能力四个维度构建城镇应对四类事件能力的评估指标体系，利用网络层次分析法(ANP)构建评估模型，实现对我国城镇应对四类巨灾能力的合理评估与分析。

中国矿业大学管理学院教授聂锐和国家安全生产应急救援指挥中心教授级高级工程师雷长群主持撰写本书。根据聂锐教授、雷长群教授和刘玥副教授提出的思路和框架结构，课题承担单位中国矿业大学、中国标准化研究院、清华大学和江阴市科技创新服务中心的教师、研究生和工作人员协作进行撰写。在此，向为本书的撰写付出心血的所有人一并表示感谢。

各章写作具体分工如下：

王娟：第一篇绪论，第四篇我国城镇应急预案体系研究，第七篇江阴示范区应用概况(第十八章、二十章、二十一章)，第八篇结论。

丁伟：第二篇中外应急管理对比研究，第三篇我国城镇应急管理体制、机制和法制的研究。

马文笑：第五篇城镇应对巨灾能力评估模型研究，第七篇江阴示范区应用概况(第十九章)。

钟少波、杨明智、张召浦：第六篇我国城镇综合应急管理平台研究与开发。

秦挺鑫：附件一政府预案编制标准。

王龙康、朱亮：附件二企业预案编制标准。

高凯：附件三江阴示范建设应急预案。

作　者

2017年8月

目　　录

第一篇　绪　　论

第二篇　中外应急管理对比研究

第三篇　我国城镇应急管理体制、机制和法制的研究

第四篇　我国城镇应急预案体系研究

第五篇　我国城镇应对巨灾能力评估模型研究

第六篇 我国城镇综合应急管理平台研究与开发

第七篇 江阴示范区应用概况

第八篇　结　论

附　件

第一篇　绪　论

第一章　研究背景
第二章　研究内容、技术路线与研究意义

第一章　研究背景

1.1　我国城镇应急管理的现状

1.1.1　我国城镇发展现状

1.1.1.1　城镇经济规模发展迅速,在我国社会经济发展中的地位日趋提升

改革开放以来,伴随工业化进程加速,我国城镇化进入高速发展阶段。从常住人口来看,1978～2013 年,城镇常住人口从 1.7 亿增加到 7.3 亿,城镇化率从 17.9%提升至53.7%。从城镇数量来看,城市数量从 1978 年的 193 个提高到 2013 年的 658 个,建制镇从 2 173 个增加至 20 113 个,平均每年增幅为 23.6%。从城镇面积来看,1996～2012 年,全国建设用地年均增加 724 万亩,其中城镇建设用地年均增加 357 万亩,占 49.3%。2000～2011 年,城镇建成区面积增长 76.4%,城镇面积进一步扩大。由此可见,城镇作为社会结构的重要组成部分,人口、经济等飞速发展,在我国社会经济发展中的地位日趋重要。

1.1.1.2　城镇资源环境承载能力与高速发展的经济规模难以匹配

虽然近年来城镇发展迅猛,但城市群布局不尽合理,城市群内部分工协作不够,集群效率不高;部分特大城市主城区人口压力偏大,与综合承载能力之间的矛盾加剧;中小城市集聚产业和人口不足,潜力没有得到充分发挥。为此,《国家新型城镇化规划(2014～2020)》明确提出,继续提高我国城镇化率,逐步实现"两横三纵""大分散小集中"的城镇分布格局。但是,小城镇数量多、规模小、服务功能弱,空间无序开发,重经济发展、轻环境保护,重城市建设、轻管理服务,交通拥堵问题严重,公共安全事件频发,污水和垃圾处理能力不足,大气、水、土壤等环境污染加剧。可见,城镇特别是小城镇的经济规模发展与资源环境承载能力严重不匹配。

1.1.2　我国城镇应急管理现状

1.1.2.1　我国应急管理体系

目前,我国的应急管理采用"指挥—控制"模式,这也是由我国的行政管理制度决定的。在我国,不仅上级政府对下级政府有行政指导关系,而且政府对社会资源也有综合协调权力。

在国家层面上,国务院是国家紧急事务管理的最高行政机构,遇到突发事件成立临时性指挥机构,对各部门进行协调和指挥。国务院应急管理办公室作为全国突发事件应急处理的日常管理机构,具体负责国家突发事件应急预案体系的建立以及各项预案的制定、更新和修订。地方各级人民政府是各地突发事件应急预案的管理机构,负责本地突发事件应急预

案的制定、更新和修订。

在地方层面上,省市各级人民政府会设置应急指挥部、突发事件处理小组等机构,初步实现了应急处置工作的统一领导、统一指挥和统一调度。目前,省市级政府部门基本建立了应急领导组织和应急指挥体系,各城镇也都形成了应急预案体系,基本形成了全国性应急指挥系统。

1.1.2.2 城镇应急管理存在的主要问题

城镇应急管理在全国应急管理体系的总框架下,近年来取得了一定的建设成果,初步构建了城镇应急预案体系和应急管理机制。但由于城镇的规范、人才和经济等原因,还存在如下问题。

(1) 应急管理机构虚立,人员编制落实难,功能被弱化。

基于城镇视角,我国城镇突发事件应急工作一般建立的是分级负责的应急管理体制,在应对突发事件时遵循以县政府为主导的主要管理原则,但在事件发生过程中实际上是以主要相关部门为主导,如气象灾害以气象部门为主导,其他部门协调进行。但由于部门间的利益梗阻,经常出现职责分工不明确、协调配合不到位的情况,严重影响突发事件的应急处置。这就需要城镇设立应急管理机构,配备相应的专业人员,尤其是增加应急管理机构的人员编制,确立应急管理机构在城镇应急管理工作中的协调功能,统一领导,统一指挥,规避多头指挥带来的影响。

(2) 专业应急人才队伍建设滞后,资金、技术等应急资源不足。

目前,城镇应急队伍建设还未实现科学化、专业化,人才队伍建设相对于省市级专业应急队伍存在明显滞后。一是应急预案编制专业人才、复合型应急人才、灾害风险评估人才、监测预警人才和专业应急救援人才、恢复与重建专业人才等的欠缺。二是由于存在部门之间资源整合不到位、保障经费不到位及基础设施建设不到位等情况,城镇作为应急管理的最小单元,政府在做财政预算的时候拨款有限。资金缺乏不仅造成人才、技术的缺乏,应急管理平台的建设也会相应落后,信息化时代缺少互联网载体,将大大降低应急管理工作的效率。

(3) 应急预案被“封存”,操作性、针对性较低。

总体而言,我国应急预案大多属于“纲领性、宣言性”的文件,大部分城镇应急预案都是依据上级文件要求编制,预案体系结构与行政层级结构完全相同。预案制定过程中缺少风险评估、演练、修订等环节,导致编制出来的应急预案缺乏针对性,事件发生过程中相关人员对预案的操作要求不清楚,从而降低了预案的操作性。另外,预案数字化、工具化程度低,终端用户使用不便利。厚厚的应急预案在编制完成以后经常被“束之高阁”,使得应急预案的实际效果大打折扣。目前数字预案基本上是以电子档案文件的形式保存在硬件存储设备中,未能根据不同类型与层次的终端用户需求,设计与应用个性化的数字化应急预案。

1.2 我国城镇应急管理面临的挑战

(1) 城镇面积不大,突发事件一旦发生,影响较大,这就要求城镇应急管理应以“预防预控”为重。

突发事件尤其是事故灾难、自然灾害等,一旦发生,具有危险性大、辐射范围大、传播速度快、事故损失大等特点。城镇本身面积不大，一旦发生突发事件，极可能辐射整个城镇，影响较大。因此，城镇应急管理工作应重预防和预控，从源头上降低突发事件发生的概率。这就要求强化风险评估、优化监测手段、健全预警机制、完善追责体制、深化宣教培训。

（2）城镇应急资源有限、人才不足，这就要求城镇应急管理结合地方特点，突出应急重点，联合各种社会力量创新工作方法和手段。

资源方面：建立健全责任明确、反应迅速、科学处置、运转高效、覆盖整个城镇的应急救援体系；尤其是应急管理机构，强化协调职能，完善政府部门、企业、应急救援队伍之间，以及周边地区之间的快速联动机制；建立部门间应急资源和信息共享机制，加强应急救援队伍建设。

人才方面：加大投入，建立专家库，进一步提升应急救援队伍综合救援能力。依托公安消防队伍力量，建立综合性应急救援队伍。完善应急救援补偿制度，引导社会力量参与救援。

工作手段方面：应急处置工具化，加强对一张流程图、一张处置卡的应用和推广。政府在突发事件应急处置过程中以流程图的操作为准则，处置卡主要为企业员工尤其是危险化学品（简称危化品）企业员工在事件发生时提供一个及时的响应。

（3）城镇布局呈现极化与分散化，这就要求城镇应急管理要科学利用上级城市的极点辐射效应，依托极点城市，科学配置资源，强化应急联动。

整合社会资源，强化跨区域、跨部门联动。加强综合应急救援队伍建设、重点领域专业应急队伍建设、应急管理专家队伍建设以及社会化救援队伍建设。依托现有各类应急队伍力量，采用共建、合作等方式不断充实队伍力量。共青团、红十字会等组织要充分发挥群众团体的优势，积极组建青年应急志愿者、红十字会应急志愿者等队伍，开展应急知识宣传普及和辅助救援工作。

第二章　研究内容、技术路线与研究意义

2.1　基本概念的界定

2.1.1　城镇

根据《统计上划分城乡的规定》(国函〔2008〕60 号)，城镇包括城区和镇区。城区是指在市辖区和不设区的市，区、市政府驻地的实际建设连接到的居民委员会和其他区域。镇区是指在城区以外的县人民政府驻地和其他镇，政府驻地的实际建设连接到的居民委员会和其他区域。

结合目前我国应急管理机制和应急预案体系建设情况，为突出基层应急管理对象，将范围的适用界限进一步明确为应急预案和应急管理相对薄弱的城镇，具体指县(市)、乡镇(街道)。

2.1.2　突发事件

根据《中华人民共和国突发事件应对法》(以下简称《突发事件应对法》)的规定，突发事件是指突然发生，造成或者可能造成严重社会危害，需要采取应急处置措施予以应对的自然灾害、事故灾难、公共卫生事件和社会安全事件。

根据突发公共事件的发生过程、性质和机理，突发公共事件主要分为自然灾害、事故灾难、公共卫生事件以及社会安全事件四大类，具体如表 2-1 所列。

表 2-1　　突发事件定义与分类

<table>
<tr><th colspan="2">名称</th><th>定　义</th><th>分　类</th></tr>
<tr><td rowspan="4">突发事件</td><td rowspan="4">事故火灾</td><td rowspan="4">指具有灾难性后果的事故，是在人们生产、生活过程中发生的，直接由人的生产、生活活动引发的，违反人们意志的、迫使活动暂时或永久停止，并且造成大量的人员伤亡、经济损失或环境污染的意外事件</td><td>工矿商贸等企业的各类安全事故</td></tr>
<tr><td>交通运输事故</td></tr>
<tr><td>公共设施和设备事故</td></tr>
<tr><td>环境污染和生态破坏事件</td></tr>
</table>

续表 2-1

名称		定义	分类
突发事件	自然灾害	指由于自然异常变化造成的人员伤亡、财产损失、社会失稳、资源破坏等现象或一系列事件。它的形成必须具备两个条件：一是要有人类破坏自然，导致自然异变作为诱因；二是要有受到损害的人、财产、资源作为承受灾害的客体	气象灾害
			海洋灾害
			洪水灾害
			地质灾害
			地震灾害
			农作物生物、森林生物灾害
			森林火灾
	公共卫生事件	指突然发生，造成或者可能造成社会公众健康严重损害的重大传染病疫情或动物疫情、群体性不明原因疾病、重大食物和职业中毒以及其他严重影响公众健康的事件	传染病疫情
			群体性不明原因疾病
			食品安全和职业危害
			动物疫情
			其他严重影响公众健康和生命安全的事件
	社会安全事件	指因人民内部矛盾而引发，或因人民内部矛盾处理不当而积累、激发，由部分公众参与，有一定组织和目的，采取围堵党政机关、静坐请愿、阻塞交通、集会、聚众闹事、群体上访等行为，并对政府管理和社会秩序造成影响甚至使社会在一定范围内陷入一定强度对峙状态的群体性事件	重大刑事案件
			重特大火灾事件
			恐怖袭击事件
			涉外突发事件
			金融安全事件
			规模较大的群体性事件
			民族宗教突发群体事件
			学校安全事件
			其他社会影响严重的突发性社会安全事件

2.2 主要研究内容

针对我国城镇地区应急管理资源不足、应急管理组织机构不健全、公众防护能力不足、应急预案针对性不强且操作性不高、整体应急能力低下等城镇应急管理中的突出问题，促进城镇政府和基层公众通过引入应急管理机制和应急预案体系建设新技术来提升应对巨灾的综合能力，本课题的研究目标可归结为：优化城镇应急管理机制和应急预案体系，提高城镇政府和基层公众应对巨灾的综合能力，研究搭建城镇应急机制和应急预案体系建设综合管理平台，开发城镇典型突发事件应急预案情景模拟分析和快速应对提示软件，制定城镇应急预案体系建设规范，并选取典型城镇进行工程示范，提升我国城镇的应急管理能力。

为实现上述目标，研究内容主要分为以下五个方面：① 设计凸显我国城镇特色的应急管理与应急预案体系，实现对城镇应急管理机制和应急预案体系的优化；② 编制我国城镇应急预案编制指南国家标准草案，实现对城镇应急预案体系建设的规范；③ 构建我国城镇应对巨灾能力的评估模型，实现对城镇应对巨灾能力的评估和分析；④ 研发配套的软件，提升城镇的应急管理能力；⑤ 选取典型城镇进行工程示范，提升课题成果的适用性和推广性。

2.3 研究的技术路线与研究方法

2.3.1 研究的技术路线

基于研究目标和研究内容，形成如图 2-1 所示的技术路线。

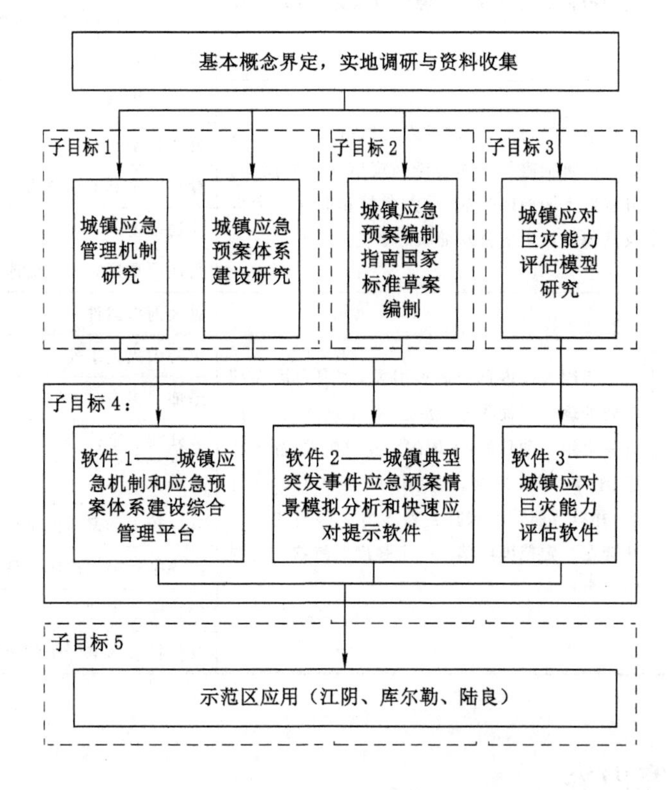

图 2-1 技术路线图

2.3.2 研究的主要方法

结合本课题的研究内容，主要采用六种研究方法。

（1）文献分析法。对应急管理研究的国内外最新文献、案例材料、法律法规等进行广泛收集和深度分析，从权威的文献资料中综合研判我国城镇应急管理的特点。

（2）案例分析法。从自然灾害、事故灾难、公共卫生事件、社会安全事件等四类突发事件中选取典型案例进行重点研究。在案例分析中，课题组通过新闻分析、政府文件解读、专家和一线管理者访谈、实地调研等多种形式收集信息，尽可能掌握第一手资料，力争对我国的城镇应急管理体系研究有新发现、新突破。

（3）专题研究法。在对国内外城镇应急管理现状作出研判的过程中，采取专题研究的方法，选取城镇应急管理体制、机制、法制及应急预案体系作为专题，运用政策分析、要素分析等方法研究我国城镇应急管理体系存在的问题，提出针对性解决措施，为政府决策提供参考。

(4) 专家研讨法。召集应急管理实际工作者、专家共同参与的研讨会，就具体的研究问题向专家咨询意见，并及时形成研究报告。

(5) 实地调研法。注重将理论研究与实践经验结合，派出课题组成员赴国家可持续发展典型示范区江阴市等展开实地调研，通过现场访谈、参与式观察等方法获取第一手资料并展开深入研究。

(6) 比较研究法。通过中外应急管理体制、机制、法制和应急预案体系的比较，总结城镇应急管理的经验教训，从而提出有针对性、方向性的政策建议。

2.4　研究意义

2.4.1　城镇应急预案体系研究成果的应用前景

设计的城镇应急预案体系框架和模板将在国家可持续发展试验区开展应用示范。该项成果着重提高应急预案的指导性、针对性、适用性和实用性，有利于地方政府在突发事件应急管理上事前有效防范与控制、事中高效开展应急救援、事后有序恢复重建，充分保障公众安全，尽可能减少突发事件带来的经济损失以及造成的社会影响。

2.4.2　城镇应急预案编制指南国家标准草案的应用前景

应急预案作为城镇应急管理的核心，其编制指南国家标准草案的制定对城镇应急管理体制、机制和法制建设具有极大促进作用，并能较好地实现城镇应急预案的针对性、实用性和可操作性，快速提升城镇突发事件的应急响应速度和应急处置能力。制定的城镇应急预案编制指南国家标准草案将在国家可持续发展试验区开展应用示范。该项成果着重规范城镇应急预案的编制工作，提高我国城镇对典型突发事件的应对能力。

2.4.3　城镇应对巨灾能力评估模型的应用前景

构建的城镇应对巨灾能力评估模型将在国家可持续发展试验区开展应用示范。该项成果为城镇科学认识自身的应急能力提供了一套可实施的、有实际意义的评估方法，有利于地方政府在认识自身应急能力的基础上，有针对性地加强事前、事中、事后应急管理工作，充分保障公众安全，尽可能减少突发事件带来的经济损失以及造成的社会影响。

2.4.4　软件开发的应用前景

研发的城镇典型突发事件应急预案情景模拟分析和快速应对提示软件将在国家可持续发展试验区开展应用示范。该项成果主要解决预案信息量较少、查阅不方便、信息不直观等问题，应用于城镇应急现场指挥、提供辅助决策依据和进行演练推演，提升应急管理人员的专业化水平，快速向社会普及巨灾风险知识，全面提高我国城镇对突发事件的应对能力。

第二篇　中外应急管理对比研究

为更好地吸收世界各国应急管理的做法和经验，为我国应急管理体系建设提供有益的借鉴，本篇对美国、日本、德国、法国、英国等国家应急管理体制、机制、法制和应急预案建设进行研究，并与我国应急管理的工作实际进行比较分析，最终提出完善我国应急管理工作的举措。

第三章　美国的应急管理

3.1　美国应急管理概况

3.1.1　美国应急管理体制建设

美国建立的由联邦、州、地方政府及社区等基层单位共同构成的应急管理组织体系职责分工明确，协调配合有力，较全面地覆盖了美国各个领域的突发事件。美国的应急管理体制按照属地管理、分级响应的原则，仅在地方政府提出援助请求时，上级政府才会给予一定的增援，但不会接替当地政府的指挥权。

美国联邦政府主要应急管理机构包括美国国土安全部及隶属于该部的联邦应急管理署(FEMA)。国土安全部既负责自然灾害管理，也负责包括恐怖袭击在内的人为灾难事故管理。美国联邦应急管理署主要负责所有防灾、减灾、救灾以及民防工作，下设具体部门负责协调、处置相关事件，如设有署长办公室、联邦协调官运作中心等，并领导诸如恢复局、响应局、后勤管理局、保护和全国准备局、消防局等相关管理部门。此外，联邦应急管理署在芝加哥、亚特兰大、旧金山等 10 个城市分设 10 个办公室，作为联邦应急管理署在各地的代表，协助各州处理重大灾害(见图 3-1)。

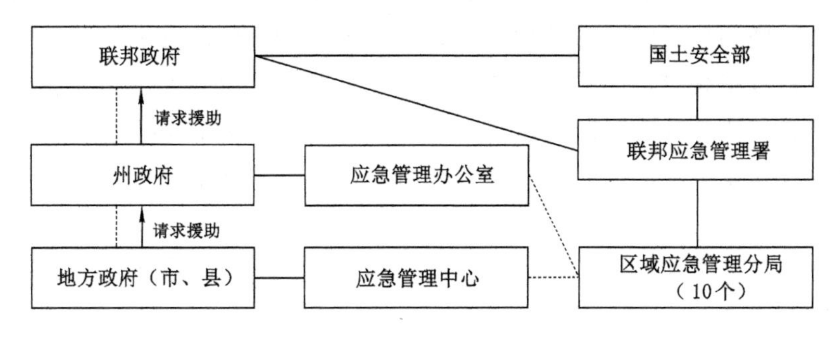

图 3-1　美国突发事件应急管理体制

各个州设立独立的应急管理机构作为本辖区紧急事件的指挥中心，负责辖区内突发事件的应急处置工作。州应急管理机构主要职责是：负责处置州级突发事件，依据联邦相关法律制定本州的应急管理和减灾规划，监督指导地方应急管理机构的相关工作，在超出本州处置能力范围的突发事件向联邦政府提出援助申请等。

地方应急管理机构主要负责处理本地区的突发事件，负责制定地方一级的应急管理和减灾规划，重大灾害及时向州政府、联邦政府提出援助申请。

3.1.2 美国应急管理机制建设

美国联邦政府高度重视突发事件应急管理机制建设。2004年美国国土安全部提出的"国家突发事件管理系统(NIMS)",为全国应急管理工作提供了统一的模版,从而逐步强化和规范应急管理工作机制。国家突发事件管理系统促进了不同政府及团体间的合作,可以对国内发生的不同原因、规模、复杂性的突发事件(如恐怖主义活动)实施快速高效的准备、预防、应对和恢复。该系统主要包括事故指挥系统(ICS)、多机构协调系统(MACS)和公共信息系统(PIS)三部分(见图3-2)。

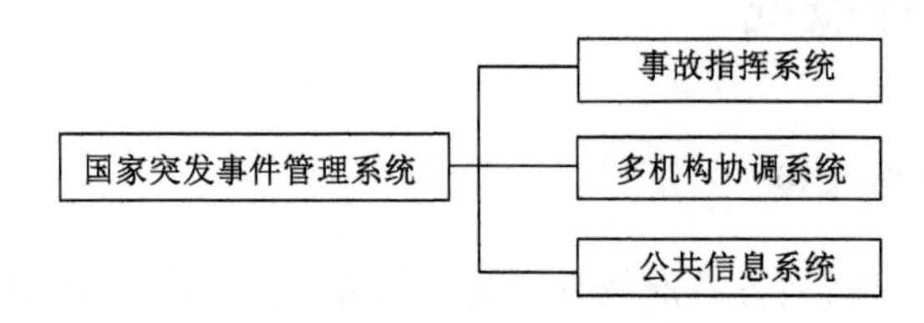

图3-2 全国事故管理系统

事故指挥系统是国家突发事件管理系统的核心部分,它是一种规范的、统一高效的应急管理工作机制,目的是通过将各种设施、装备、人员、规程和通信纳入一个共同的组织结构中,实现对突发事件的快速高效管理。该指挥系统设指挥官一名,下设公共信息官、联络官和安全官协助指挥官进行相关工作;还设立了行动部、计划部、后勤部和财务行政部,各部下还设立多个分部或支持小组。事故指挥系统主要用于现场处置,指挥官负责组织应急行动,但不负责制定政策和全局性重大策略。

多机构协调系统是指为达到应急管理目标,将人员、程序、行动方案、专业工作和通信各要素通过有机结合,整合成通用系统。例如:1992年安德鲁飓风后,美国南部州长联合会开始重视加强州际区域应急管理协作。1993年,东南部16个州签署《南部区域应急管理互助协议》,以确保其成员可以在重特大灾害应对中获得充足的资源及帮助,更好地保障公众安全。1995年,该协议允许其他州加入,扩充成员后的州际互助协议被称为《州际应急管理互助协议》(EMAC)。目前,美国绝大多数州和部落政府已加入《州际应急管理互助协议》。

公共信息系统是指基于计算机、网络等信息技术,为相关部门提供所需信息的一种系统,该系统保证了信息的传递与共享。美国对于公共信息系统的建设较为重视,并在应急管理中发挥着重要的作用。

3.1.3 美国应急管理法制建设

美国应急管理发展时间较长,在此过程中形成了较为完备的应急管理法律体系。1803年的《国会法》被认为是美国最早的关于应急管理的法律。一方面,随着经济社会的发展,美国关于应急管理方面的法律制度不断完善。例如,1950年制定了《民防法》,1981年修改了《联邦民防法》,1988年,联邦政府制定了《罗伯特·斯坦福救灾与应急救助法》(简称《斯坦福法》)等。另一方面,美国政府及时吸取巨灾的经验教训,完善相关法律制度。例如

“9·11”事件后出台了《国土安全法》，在“卡特里娜”飓风后出台了《后“卡特里娜”应急管理改革法》等。此外，美国各州依照诸如《国土安全法》等相关联邦法律，结合各州实际情况，制定各自在应急管理方面的法律法规。例如，加利福尼亚州制定的《应急服务法》，对灾害的应急准备、响应、救助等方面内容都作了规定（见表 3-1）。

表 3-1　美国应急管理法律（部分）

制定时间	法律法规名称	内容/性质
1803 年	《国会法》	应急管理立法的第一次尝试
1950 年	《民防法》	第一个总体的灾害应对法
1981 年	《联邦民防法》	扩展了民防的内涵，更加突出灾害管理的重要性
1988 年	《罗伯特·斯坦福救灾与应急救助法》	对重大灾害、突发事件等作出明确规定
2002 年	《国土安全法》	规定了有关国家安全的各政府、部、局在应急管理中的职责
2006 年	《后“卡特里娜”应急管理改革法》	赋予联邦应急管理署新的职能，增强国土安全部预防、准备、响应和恢复的能力

3.2　美国应急预案的建设概况

3.2.1　美国应急预案体系的构成

3.2.1.1　美国应急预案体系

美国近年来对于预案体系的表述主要有两次。一是 2008 年制定并于 2010 年修改再版的《综合准备指南 101》，对于“国家计划体系”作出界定；二是 2011 年发布的《美国国家应急准备系统》中对于“应急规划系统”的描述。依据《美国国家应急准备系统》的规定，美国国家预案体系分为五个层级，如图 3-3 所示。

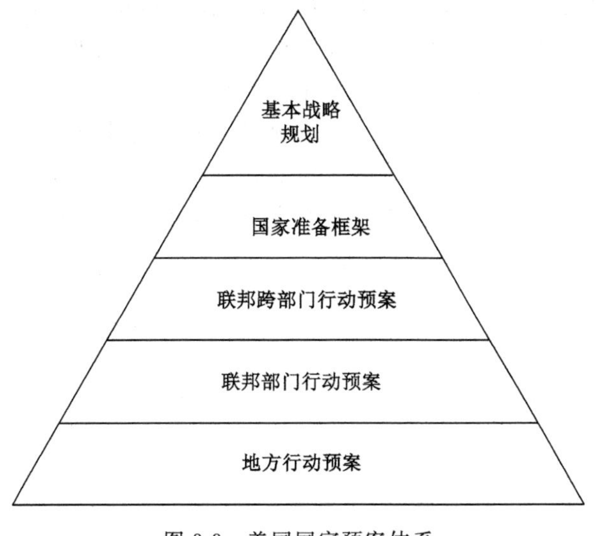

图 3-3　美国国家预案体系

第一层级：基本战略规划（预案总方针），包括《国家准备目标》《国土安全国家战略》《打击恐怖主义国家战略》《安全虚拟空间国家战略》《重要基础设施和关键资产保护国家战略》等，这些文件规定了应急管理的方向。

第二层级：国家准备框架（预案和相关管理工作的指导性文件），包括《国家预防框架》《国家保护框架》《国家减除框架》《国家响应框架》《国家恢复框架》5个文件，这些文件对于国家应急管理各个领域的工作都具有指导意义。

第三层级：联邦跨部门行动预案，联邦政府制定5个跨部门行动预案，用来指导联邦政府层面跨部门应急响应工作，属于国家总体性预案。

第四层级：联邦部门行动预案，按照《美国国家应急准备系统》的要求，应急管理工作中涉及的部门制定各自的行动预案。

第五层级：地方行动预案，按照《美国国家应急准备系统》的要求，在地方层面，州政府、地方政府（含县政府、印第安部落政府）、私营企业、非营利组织等要结合联邦法律法规和自身实际制定本地区、本组织的行动预案。

3.2.1.2 美国应急预案的内容

美国应急预案内容主要包括一个“基本预案”和三个附件，三个附件即应急支持功能附件、支持附件、突发事件附件。基本预案主要规定了相关职能部门的责任义务、应对程序等，附件则对突发事件处置过程中涉及的支持性工作进行描述。应急预案具体包括以下几方面的内容：① 规定组织和个人在超出任何一个组织机构的能力或常规责任的紧急情况下，在预定的时间和地点采取具体行动的职责；② 明确各组织机构的责任，并说明将如何协调共同行动；③ 描述保护公众生命财产安全的相应程序；④ 明确应急响应及灾后恢复重建工作中所需的人、财、物等资源设施的储备调用等情况；⑤ 与邻区协调需求；⑥ 确定应急反应和灾后恢复期间减灾工作的步骤。

3.2.2 美国应急预案的编制

美国对于应急管理法制研究较早，在应急预案的编制和实施方面也有很大的成效。美国的应急预案由最初的《联邦响应预案》(FRP)到《全国响应预案》(NRP)再到《全国响应框架》(NRF)，不断明确各部门的职责，加强应急响应过程中的协调。另外，美国政府还制定了一系列用于指导有关政府、组织编制应急预案的文件，如《综合应急预案编制指南》《危险化学品事故应急预案编制指南》《危险化学品事故应急预案评审准则》等。

2009年，美国联邦应急管理署公布了《应急准备指南：地方政府应急预案修订指南》(CPG101)，该指南进一步规范了应急预案的修订工作，并对各类预案的结构关系进行了梳理描述。

第四章　日本的应急管理

4.1　日本应急管理概况

4.1.1　日本应急管理体制建设

日本应急管理体制分为中央、都道府县和市町村三级，各级政府在平时召开灾害应对会议，即中央灾害防御会议、都道府县灾害防御会议、市町村灾害防御会议，负责审议灾害防御相关重要事项；在灾害发生时，成立灾害对策本部进行应急响应（见图 4-1）。目前，日本应急管理体制以内阁总理大臣（首相）为最高指挥官，各类突发事件的预防与处置由相关部门牵头进行集中管理。

中央灾害防御会议成员由以内阁总理大臣为首的全体内阁成员、指定公共机构的代表以及相关学者构成，负责制定灾害防御基本计划和审议相关事项。内阁府内设置灾害预防大臣一职，对灾害预防相关政策及应对相关事项进行筹划和综合协调。

灾害发生时，根据《灾害对策基本法》，可在都道府县或市町村成立灾害对策总部，也可根据实际情况设立内阁总理大臣担任总部负责人的灾害对策总部。

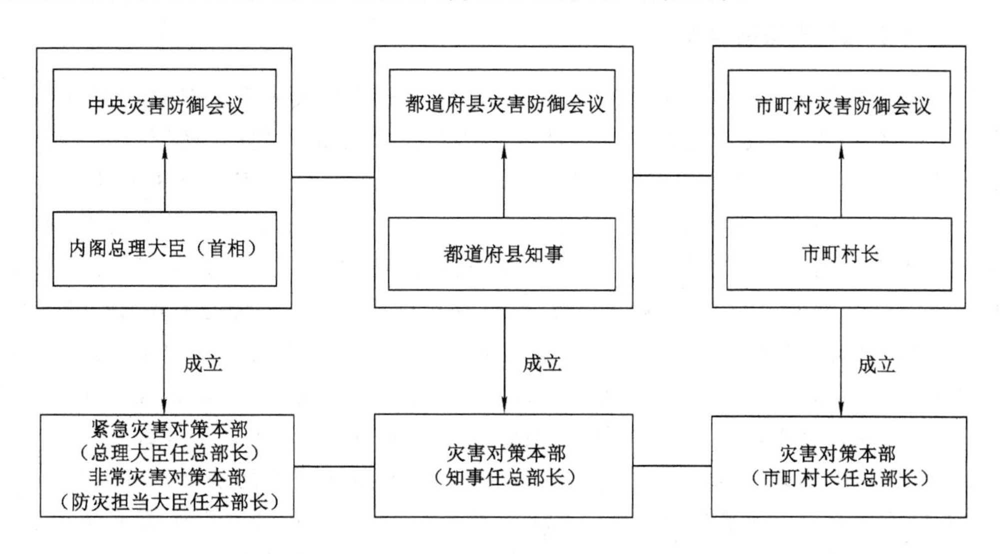

图 4-1　日本应急管理组织体系

4.1.2 日本应急管理机制建设

按照工作流程，日本的应急管理机制可以从事前、事中、事后 3 个阶段来分析。

（1）预防阶段

日本在应急管理机制建设中对于事前预防阶段建设较为重视，通过风险分析评估等工作逐级建立防灾计划，如中央防灾委员会制定“防灾基本计划”和涉及灾害预防对策的应急预案；都道府县和市町村等地方依据中央相关法律文件制定“地区防灾计划”，不同的部门针对具体的灾害和风险制定详尽的部门应急计划和专项应急预案等。这些法律法规都对灾害发生前的准备及灾后如何进行救援进行了详细的规定。

（2）应对阶段

各级灾害对策本部是灾害应对的指挥部门，不同层级分别设立灾害对策本部，依据灾害级别大小启动相应级别的灾害对策本部，一般实行属地管理为主的原则，逐级上报灾情。在灾害应对过程中，灾害对策本部协调各单位进行积极配合，提高救灾效率。当发生特别重大或重大灾害时，日本政府会成立“紧急灾害对策本部”或“非常灾害对策本部”作为应急指挥中心，调动社会资源共同应对灾害。

（3）恢复和重建阶段

开展灾后重建，首先要对灾后重建进行风险评估，然后与中央进行协商分摊各自的负担。日本法律对应对灾害的财政金融支持政策措施等作出详尽的规定，并明确了中央和地方政府的经费支出义务。日本政府每年拨出大量的财政预算进行灾害预防、灾害紧急应对及灾后恢复重建。在重建过程中，各地方政府必须按照防灾基本规划的要求，通过对本地区可能发生的灾害进行调查研究，制定相应的地区防灾规划和防灾业务规划，同时要考虑提高民众的抗灾能力。

4.1.3 日本应急管理法制建设

日本作为世界上较早制定灾害应对法律的国家，对于相关灾害应对过程都制定了具体的行动方案，不同领域也设立了专门性的法律标准与之相匹配，已经形成了一套较为完备的灾害应对法律体系。随着每一次重大灾害发生，日本的灾害应对法律体系不断得到完善。日本第一部防灾法是 1880 年制定的《备荒储蓄法》。随着灾害的发生，日本的灾害救援工作面临巨大的挑战，所以日本不断制定新法律和更新已有法律，为应急救援工作提供支持。例如，1947 年，颁布了《灾害救助法》和《消防法》，规定了政府在紧急状态下对救助物资的征用权限等。1961 年，日本政府又颁布了作为灾害防治基本法的《灾害对策基本法》，标志着日本防灾减灾管理工作开始走向法制化、程序化和规范化。《灾害对策基本法》成为日本减灾系统的纲领性法律，其他减灾法规均在其基础上展开，是洪水、雪灾、火山、森林火灾、风水灾、航空灾害等多个灾种的灾害应对法律。在应急法制方面，除了这些基本法律法规之外，日本还制定了一些单行法：在公共卫生方面主要有《传染病防治法》《食品卫生法》；在社会安全领域主要有《警察法》《自卫队法》；在应对自然灾害方面主要有《活火山对策特别措施法》《地震防灾特别措施法》《大规模地震对策特别措施法》《森林法》《防洪法》等（见表 4-1）。

表 4-1　日本应急管理法制体系(部分)

制定时间	法律法规名称	内容/目的
1880 年	《备荒储蓄法》	确保日本在灾害或闹饥荒时有足够粮食及物资供给
1947 年	《灾害救助法》	规定政府在紧急状态下对救助物资的征用权限等
1947 年	《消防法》	
1949 年	《防洪法》	
1961 年	《灾害对策基本法》	制定防灾计划、预防灾害、灾害应急对策、灾后重建以及有关防灾的财政金融措施等其他必要的灾害对策
1962 年	《严重灾害特别财政援助法》	制定严重灾害划分标准及资助标准
1978 年	《大规模地震对策特别措施法》	
1995 年	《地震防灾特别措施法》	
1998 年	《气候变暖对策法》	
2002 年	《关于推进东南海、南海地震相关的地震防灾对策的特别措施法》	

4.2　日本应急预案的建设概况

4.2.1　日本应急预案体系的构成

4.2.1.1　日本应急预案的体系

日本应急预案体系从上至下由防灾计划结构、专项防灾计划和地区防灾计划构成(见图 4-2)。防灾计划结构是国家灾害管理的基础,是防灾领域的最高层计划,涉及灾害预防、响应和恢复重建等方面。日本通过吸取灾害的经验教训,对防灾计划结构不断进行修订,丰富了各防灾部门的职能及灾害应对不同阶段的基本程序。专项防灾计划是由政府及相关部门针对具体灾害和风险编制的应急计划,如"环境基本计划"。地区防灾计划是由各地区根据各自的情况,按照灾害类型制定的地震、雪灾、火灾、危险物事故等各类防灾计划,对区域内可能发生的自然灾害进行了非常具体的预测,包括人员伤亡的情况、建筑物损坏的情况、火灾的情况、避难的人数等,并有针对性地制定各类地方防灾减灾对策。

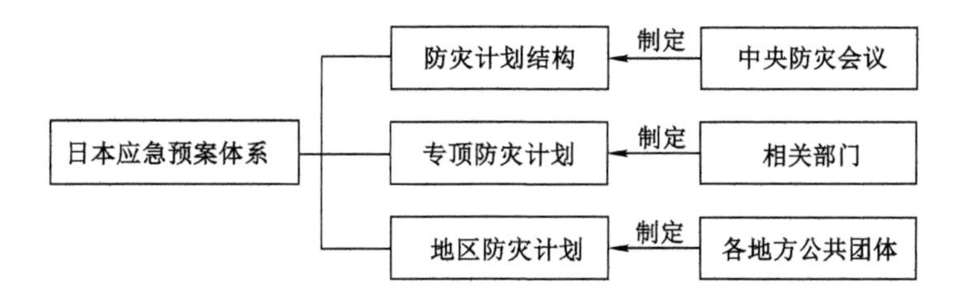

图 4-2　日本应急预案体系

4.2.1.2　日本应急预案的内容

日本防灾计划的内容大致包括灾害预防、灾害应急对策和灾后重建等方面,在具体内容方面会因层级不同而有所差别。防灾计划的主要内容包括确保危险设备的安全，制定灾害应对策略，完善灾害救援和支持机制，加强不同部门间的协调合作，研究灾害防御措施。灾后恢复重建主要包括实施交通管制及紧急运输，落实避难收容工作，重建相应的设施设备，开展灾后重建等。

4.2.2 日本应急预案的编制

《灾害对策基本法》是日本减灾防灾的基本大法，明确了防灾组织、防灾计划、灾害预防、灾害应急以及灾后重建的各项标准。依据《灾害对策基本法》的有关规定，日本主要从国家、都道府县、市町村和市民4个层级进行防灾计划的编制和实施。国家层面的防灾计划和政策由中央防灾会议负责制定和实施；都道府县与市町村层级应在获得相关机关和团体的帮助下，结合防灾基本规划的内容和本区域的地区特点制定区域防灾计划。根据《日本国民保护法》的规定，2004年起都道府县、2005年起市町村必须制定地域的防灾计划，各制定公共机构及相关单位要以地域防灾计划为基础设立相应的业务计划。

第五章　欧盟的应急管理

5.1　德国的应急管理

5.1.1　德国应急管理概况

5.1.1.1　德国的应急管理体制建设

德国根据《基本法》，实施以州为主、属地管理的应急管理体制，联邦和州的应急管理工作分工较明确，联邦主要负责战时民事保护及部分和平时期的灾难防护，州负责平时和平时期的民事保护和灾难救助工作。联邦政府设立联邦民事保护和灾难救助局(BBK)以及联邦技术援助局(THW)，各州根据实际情况设立应急管理部门，通常由州内政部负责，主要包括消防队、警察局等相关部门和组织。

5.1.1.2　德国的应急管理机制建设

(1) 内外分离、集中处理、便捷高效的信息管理平台。该平台主要由面向社会开放的德国危机预防信息系统和针对民事保护和灾难防护领域的内部信息网络——德国危机预防信息系统 2 组成，用于支持突发事件发生时的信息分析。

(2) 及时有效、多举并用的预警系统。德国于 2001 年 10 月 15 日建立卫星预警系统，可以在短时间内通过电台、互联网移动电话、寻呼机等设备将预警信息传遍全国。另外，在一些城镇中，将汽笛作为火灾和灾难防护的警报传递设施。

(3) 统一指挥、规范标准的接报处警机制。突发事件发生后，消防队接警中心(112)和警察局接警中心(110)接到报警后，需即刻出警进行现场处置，并根据对灾情的初步研判，通知相关组织参加救援行动。在事故现场，消防队肩负指挥协调职责。当突发事件超出相关标准后，成立由市长或市内政部长牵头的救灾领导小组，该领导小组在特定情况下可以协调联邦国防军参与救援行动。

(4) 分工协作、资源共享的协调反应机制。德国实行州政府统一规划、协调和指挥的应急救援运行体系，当突发事件发生时，启动以州最高行政长官或内政部长为核心的应急指挥中心，相关部门及专家参与决策制定，广泛调动政府与社会力量。2002 年 10 月 1 日，德国联邦银行的危机管理中心建立了联邦与州之间情况通报联合中心(GMLZ)，目的在于加强联邦、州、社会救援组织及与他国间的协调合作。

(5) 以人为本的善后处理机制。事故发生之后，德国除了进行常规的保险赔偿外，联邦政府还建立了对海外事故或恐怖袭击的牺牲者家属进行帮助和事后救助的协调机构(NO-AH)。在 2002 年初，德国已将危机心理预防作为民事保护的重要任务，同时不断加强研究，建立全国范围的心理网络，帮助灾区人民进行心理恢复。

5.1.1.3　德国的应急管理法制建设

(1) 基本法。基本法规定了联邦德国的紧急状态可分为防御紧急状态(即战争状态)、紧急状态(防御状态前的临战状态)、内部紧急状态(内部叛乱、动乱等)以及民事紧急状态(包括自然灾难和特别重大的不幸事故)4 种,并制定了一系列诸如《交通保障法》《铁路保障法》《灾难救助法》之类的单行法律。

(2) 民事保护法。民事保护主要指战争状态下,通过非军事手段保护公众及其住所、重要的生活或国防民事执勤点、企业机构资产等不受战争影响,并尽可能消除战争造成的后果。1997 年修订颁布的《民事保护法》强调提高民众的自我保护意识,进一步体现了德国以人为本的应急管理理念。

(3) 州相关法律。德国各州都设置了完备的关于民事保护和灾难救助的法律,例如《黑森州救护法》《黑森州公共秩序和安全法》《黑森州消防法》《巴伐利亚州灾难防护法》等。

5.1.2　德国应急预案体系

德国建立了从联邦到州及各企业的应急预案体系。在联邦政府层面,2002 年通过了《民事保护新战略》,明确规定严重危险的责任由联邦和州共同承担。各州结合自身情况与联邦相关法律制定各自的灾难救助预案及专项预案。企业、大型活动场所等也按照不同的情况制定恶性事故、火灾等方面的应急预案。德国形成了覆盖面广的应急预案体系,并对各级应急预案进行严格监管,对于不同层级的预案都有相关专家跟踪考察,并根据实际情况对其进行修改和完善。

5.2　法国的应急管理

5.2.1　法国应急管理概况

5.2.1.1　应急管理体制建设

法国实行从中央政府、内政部到各专业部门、省级国家专员的单线垂直应急管理体制。中央政府是应急管理工作的最高领导机构,设有国民安全办公室(SGDN),主要负责制定重要专项预案、编制应急规划、研究拟订相关政策、汇总分析应急信息、综合协调相关部门及总理府值班等工作,在应急管理过程中发挥辅助决策、协助指挥的作用。当发生严重突发事件时,中央政府临时设立部级委员会,总理担任主任,主持制定决策方案,统一指导响应工作,下设应急处理中心,负责具体协调事务。内政部在应急管理工作中有着重要的综合协调作用。在不同领域内,实行专业部门负责管理体制,不同的专业部门设有本部门的危机处理中心。在地方层面,法国各地的应急管理和救援分别由市长和省长负责组织(市长是地方政府选举的官员,也作为中央政府的代表向省长负责;省长是中央政府向地方派驻的国家专员或代表)。市长、省长按照各自职权调用相应范围内的资源用于救援。各省办公厅主任作为省长的助手参与救援管理工作。

5.2.1.2　应急管理机制建设

部际联合行动指挥中心是法国灾害应急应对机制的关键环节,以其为核心,法国形成了以各省、市为纵向系统，以内政部为中心的相关部为横向系统纵横交错、有机联系与协作的应急管理和指挥处置体系。

多部门综合协调机制建设完善。如内政部下设的民事防务与公共安全局（简称民事安全局）具体负责各类突发事件的应急处置工作，但它与国防部、警察总局、气象、铁路等政府部门及大型企业、红十字会等非政府组织都有着紧密的联系，在突发事件处置过程中能够实现综合协调，从而提高突发事件应对效率。

分级响应辅助干预。当突发事件超出一定规模后，上级介入事件应对工作，但是指挥权仍在下级单位，只有在事态规模发展到一定程度，需启动上级应急预案时，上级才会直接指挥响应工作。

作为欧盟成员国，法国还与欧盟建立起应急协调机制，只要需要就可以享受欧盟的培训及救援。

5.2.1.3　应急管理法制建设

1955 年法国颁布了《紧急状态法》，建立紧急状态制度，为政府应急权力的行使提供了法律依据。随着第二次世界大战的结束，法国开始注重自然及人为灾害的威胁，1987 年颁布了《国民安全组织法》及相关政令，健全了民事安全救援体系，规定了应急救援程序并强调加强应急救援队伍建设。2004 年 8 月，通过重新定位国民安全保护理念，在研究突发事件发生发展机理的基础上，颁布实施了《国民安全现代化法》，明确了政府和公民在突发事件应对中的责任、应遵循的原则等，逐渐形成了较完善的应急法制体系。

5.2.2　法国应急预案体系

法国早期的应急预案是在没有法律基础的情况下制定的。2004 年后，依据《国民安全现代化法》的规定，开始制定新的应急预案并逐渐形成了新的应急预案体系。法国规定在防卫区、省、市镇三级分别只有一个应急预案，但要包括关于救援组织、资源安排及各类风险的特殊条款，实现了一案多用。同时，法国的应急预案以风险评估为前提，动员公众参与，提高了应急预案的广泛性和实用性。

5.3　英国的应急管理

5.3.1　英国应急管理概况

5.3.1.1　应急管理体制建设

政府在英国应急管理体系中占有重要的地位，发挥着建立框架、提出理念、分配资源、创新机制的作用。英国在应急管理体制方面实行属地管理为主，在中央政府和地方不同层级设立了不同的应急管理部门，突发事件发生后，一般由地方政府进行应对，相关管理部门及非政府组织给予协助和支持。中央政府主要负责恐怖袭击和全国性重大突发事件的应对工作。在中央层面，首相是应急管理工作的最高指挥官，下设内阁紧急应变小组（COBR）、国民紧急事务委员会（CCC）、国民紧急事务秘书处（CCS）等部门，不同部门分别从应急决策支持、协调沟通等方面为应急响应提供支持；地方各级应急部门负责所辖范围的应急管理工作。另外，英国应急管理体系中特别重视社区防灾减灾能力的提升和发展。

5.3.1.2　应急管理机制建设

英国政府的应急处置机制分为“金、银、铜”三级。“金级”主要解决“做什么”的问题，由应急响应相关部门的代表组成，没有常设机构，主要负责制定行动目标和方案，给下级提供参考，通常进行远程指挥。“银级”主要解决“如何做”的问题，由事发地相关部门负责人组成，根据“金级”制定的目标和方案对任务进行细化，向下级下达执行命令。“铜级”则负责具体的执行，由现场处置人员组成。英国这种应急管理机制实现了高效处置突发事件，解决了各部门间存在的缺乏沟通协调等问题，很大程度上提高了应急响应效率，可以有效降低突发事件造成的损失。

5.3.1.3　应急管理法制建设

英国已经建立了较为完善的应急法律制度。1920 年的《紧急状态权利法案》是最早的有关应急管理的法律，1948 年颁布的《民防法》是目前应急管理立法的框架。2001 年出台了《国内突发事件应急计划》，2004 年对于相关法律进行整合，陆续颁布了《2004 年消防与搜救服务法》《2005 年国内紧急状态法案执行规章草案》《2006 年反恐法案》等，这些法律与相关应急管理指南、标准或强制性文件或指导性文件共同构成了应急管理的法律体系。

5.3.2　英国应急预案体系

英国的应急预案可以分为总体预案、专项预案以及单机构、多机构和多层级预案 3 类。英国的总体预案由某一个机关制定，并被看作最重要的预案。专项预案主要是针对特定的突发事件如航空事故等，或针对特定地区或地点如机场、医院等公共场所。专项预案的制定要与总体预案相协调。单机构、多机构和多层级预案是在考虑不同情景下需要由单个或多个部门、地区政府等共同制定。

第六章　中外应急管理比较

6.1　中外应急管理的差异

美国应急管理起步较早，经过多年的发展，已基本建立了一个比较完善的应急管理体系。应急管理体制由联邦、州和地方（郡、市、社区）组成；应急管理机制以 NIMS 为核心，具有统一管理、属地为主、分级响应、标准运行的特点，应急管理法律体系及应急预案体系建设也取得了显著成效，并与时俱进地对法律条例等进行了及时修订。

日本立足于国情，建立了以内阁府为中枢，以内阁总理大臣（首相）为最高指挥官的应急管理体制；在应急管理机制方面，日本机制运行制度完善，部门职责清晰；在应急法制及预案建设方面，构建了全面系统的法制体系，并构建了较为完备的应急预案体系。日本在应急管理工作中，善于吸取灾难中的经验教训，并对全国的应急管理工作进行反思和调整。

欧盟国家也极为重视应急管理，不同的国家都依据自身实际建立了较为全面的应急管理体系。以德国为例来看，德国的应急管理最早是从民防开始的，建立了以州为主，属地管理、权责分明的应急管理体制。在应急机制建设过程中，强调应急管理工作的关口前移，推动建立社会参与、灵活服务、与政府密切合作的机制；以基本法为基础，国家和州分别制定相关法律法规及应急预案，推进应急法制建设。

我国逐步建立了统一领导、综合协调、分类管理、分级负责、属地管理为主的应急管理体制和以风险评估—监测预警—应急响应—恢复重建为主线的应急管理运行机制。在应急管理法制建设中，以宪法为依据、《突发事件应对法》为核心，制定配套的法律法规为应急管理工作提供法律依据，并且基本形成了比较完善的应急预案体系。中外应急管理对比如表 6-1所列。

表 6-1　　中外应急管理对比

	应急管理体制	应急管理机制	应急管理法制	应急预案体系
美国	主要由联邦、州和地方（郡、市、社区）三个层级组成：联邦政府层面主要有国土安全部、应急管理署及其派出机构（10 个区域办公室），州和地方政府设有应急管理领导机构和工作机构	以 NIMS 为基础，加强应急管理机制建设，建立协调一致、快速高效的应急管理机制，具有统一管理、属地为主、分级响应、标准运行的特点	以联邦法、联邦条例、行政命令、规程和标准为主体的法律体系。从效力等级看，最上位的是宪法，其次是综合性法律《美国全国紧急状态法》，然后是各种单行法。此外，还有直接规范应急处置的应急预案和计划	以《应急准备指南：地方政府应急预案修订指南》指导各级政府及相关单位制定预案，形成了较为完善的应急预案体系

续表 6-1

	应急管理体制	应急管理机制	应急管理法制	应急预案体系
日本	日本应急管理体制分为中央、都道府县和市町村三级,各级政府在平时召开灾害应对会议,即中央灾害防御会议、都道府县灾害防御会议、市町村灾害防御会议	日本的应急管理机制分为事前、事中、事后阶段,即预防、应对和恢复重建机制,各阶段工作重点突出,职责清晰明确	以《灾害对策基本法》为基础,制定一系列相关的单行法等共同构成应急管理法律体系,为防灾减灾工作的有效实施提供了重要的制度保障	日本应急预案体系从上至下由防灾计划结构、专项防灾计划和地区防灾计划构成
欧盟(以德国为代表)	德国建立联邦、州和地方合理分权,以州为主,属地管理、权责分明的应急管理体制	强调应急管理工作的关口前移,推动建立社会参与、灵活服务、与政府密切合作的机制,实现从被动应对到主动保障的积极转变	德国的应急管理法律以宪法(德国《基本法》)为基础,以《民事保护法》和《灾害防护法》等一系列单行法律为核心,联邦和各州分工协作	建立了从联邦到州及各企业的覆盖面广、数量庞大的应急预案体系,政府对各级应急预案进行严格监管、跟踪考察,并依据实际情况对其进行修改和完善
中国	统一领导、综合协调、分类管理、分级负责、属地管理为主的应急管理体制	以风险评估—监测预警—应急响应—恢复重建为主线的应急管理运行机制	以宪法为依据,以《突发事件应对法》为核心,以相关单项法律法规为配套的应急管理法律体系	按照不同的责任主体,我国应急预案体系包括国家总体预案、专项应急预案、部门应急预案、地方应急预案、企事业单位应急预案、重大活动应急预案共6个层次

6.2 国外应急管理的启示

通过上述对比研究不难发现,与欧盟、美国、日本的应急管理相比较,我国应急管理工作在应急管理组织体系、应急管理法律体系的动态化和专门化、应急预案建设等方面尚存在不足。结合我国应急管理工作的实际与国外较好的应急管理工作实践,可得出如下完善我国应急管理工作的启示。

6.2.1 统一的决策指挥系统是政府应急管理的重要基础

当代社会瞬息万变,错综复杂,在大规模突发事件面前,任何一个部门都难以单独应对,但目前我国尚未成立常设的应急指挥协调机构,在突发事件应对过程中处于较被动状态。因此,中国应建立一个统一、高效、权威的国家应急管理领导机构,并且常设应急指挥中心,切实提高综合应急管理机构的协调性,从而提高突发事件响应效率。

6.2.2 快速救援的机制建设是政府应急管理的关键环节

要着力关注静态预案和动态突发事件之间的"时延"矛盾,以灵活循环的动态机制来弥补静态预案的不足,真正让机制发挥作用。具体方法有:① 动态示警。即以媒体、网站等多种形式及时公布突发事件动态和处置方法。② 缺陷弥补。若联动体系链中某个环节出现问题,运行机制能及时反应,并采取其他手段迅速替代。③ 损毁复原。主要体系如受损甚至瘫痪,整体预设机制能自动生成并发挥作用。

6.2.3　完善应急管理法律体系

法律是应急管理体系的重要组成部分,是进行突发事件响应的依据和保障。通过对国外应急管理体系的研究可以看出,美国、日本等应急管理较有成效的国家都建立了比较完善的应急管理法律体系,使相关部门在紧急状态下有法可依,并不断更新、修订相关法律制度。因此,我国需要进一步完善应急法律体系,建立有针对性、系统性的法律法规,促进政府与相关部门在紧急状态下权力的合法性,真正做到有法可依,减少突发事件造成的影响。

6.2.4　增强应急预案的可应用性

(1) 完善应急预案内容,注重预案的兼容性。应急预案的制定既不能脱离总体框架,又要体现出不同地域、不同行业的差异性;应急预案中的程序设计要严密精细,行动方案细节化;要注意应急预案内容与其他预案内容的相关性。

(2) 丰富应急预案的形式。当前预案的形式以纸质文本为主,但纸质文本有一定的时效局限性。因此,要积极开发推广数字预案系统,使文本预案发展为电子化、可视化、智能化的互动操作系统。对预案进行演练和评估,检验和评估应急预案的可操作性和实用性。建立预案库,进入预案库的预案必须经过相关部门的审核、批准。

(3) 应急预案以风险评估为基础。在应急预案制定过程中,要采用科学的方法和技术进行风险辨识,然后根据不同风险特点制定相应的预案,明确事前、事中及事后各个环节中谁来做、怎么做及相应的资源配置和决策等问题。

第三篇　我国城镇应急管理体制、机制和法制的研究

目前,我国已基本建立以"一案三制"为核心内容的应急管理体系建设框架。其中,"一案"是应急预案;"三制"指应急管理的体制、机制和法制。体制方面,建立健全集中统一、坚强有力、政令畅通的指挥机构;机制方面,建立以风险评估—监测预警—应急响应—恢复重建为主线的运行机制;法制方面,通过不断建立、完善应急管理相关法律法规,使应急管理工作走上规范化、制度化和法制化的道路,真正实现依法行政。

课题研究在我国应急管理能力普遍较弱和资源相对有限的城镇地区,如何通过优化应急管理体制、机制、法制和应急预案体系,解决城镇地区应急管理资源不足、应急管理组织机构不健全、公众防护能力不足、整体应急能力低下等应急管理中的突出问题,从而提高城镇政府和基层公众应对各类突发事件的综合能力。

第七章　我国城镇应急管理体制研究

7.1　我国城镇应急管理体制的概况

应急管理体制是指国家机关、军队、企事业单位、社会团体、公众等各利益相关方在应对突发事件过程中，在机构设置、领导隶属关系和管理权限划分等方面的体系、制度、方法、形式等的总称。应急管理体制的目的是根据应急管理目标，建立一套组织机构和职位系统，并确定分工和职权关系，将内部联系起来，以保证组织机构的有效运转。因此，课题从城镇应急管理的组织体系及其权责体系两个方面进行研究。

7.1.1　我国城镇应急管理的组织体系

应急管理组织体系是应急管理体系组成机构之间按职责和关系划分的组织构架。我国城镇应急组织体系大体由城镇应急管理领导机构、办事机构、专项工作机构、临时工作机构和专家组等组成。其中，领导机构处于核心位置，负责统一指挥、统一协调各个应急响应机构的行动。领导机构所领导的各应急响应机构按照职责划分履行各自的职责，并相互配合、相互支持，共同应对突发事件(见图 7-1)。

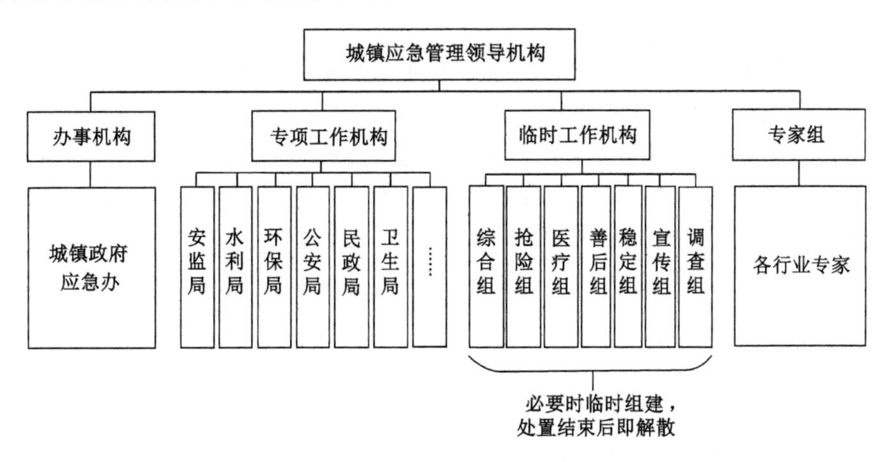

图 7-1　城镇应急管理组织体系架构

7.1.2　我国城镇应急管理组织体系的权责关系

城镇政府是城镇突发事件应急管理工作的领导机构，统一领导城镇各类突发事件应急机构，组织领导和指挥城镇突发事件综合预防、管理和应急处置工作，协调相关联动机构，根据获得的信息和专业建议决定和部署应急响应相关工作。

城镇政府应急办是常设办事机构，负责城镇应急管理的日常事务性工作，履行值守应急、信息汇总和综合协调职责，发挥运转枢纽作用。

城镇政府所领导的各职能单位是突发事件处置的专项工作机构，负责相关类别突发事件的应急管理工作。

依据突发事件的状况、态势，成立现场临时工作机构，在应急管理领导机构的指挥下，协调现场各类抢险救援小组的应急响应处置工作；确定现场临时工作机构的总指挥及各小组的确定规则、小组的职责和协作模式。

专家组由应急管理领导机构和各应急机构根据突发事件类型和行业特点建立，包括处置突发事件相关技术问题的各行业专家，其职责是为应急响应提供技术指导和建议。

7.2 我国城镇应急管理体制存在的主要问题

7.2.1 组织架构方面的问题

7.2.1.1 多数城镇虽设有应急办，但人员编制难以真正落实

我国多数城镇政府均设有应急办或应急管理领导小组，但工作人员在质量和数量上都不能满足城镇应急管理工作的需要。主要表现为：城镇应急办人员编制设置没有经过严谨的调研，数量上普遍偏少，且仅有的人员编制也无法得到真正落实。因此，城镇应急办岗位缺乏足够数量和专业的应急管理人员，日常应急管理工作只能维持在由城镇政府各职能单位轮流派人应付值班的状态，甚至随便抓个闲人敷衍值守应急工作，一旦遇到突发事件，不懂如何进行信息汇总、上报以及先期处置，贻误应急处置的时机，从而给人民生命财产带来巨大损失。

7.2.1.2 个别城镇应急办与政府办公室分设，降低了应急工作的权威性

应急办的设置应依托城镇政府办公室，这样有利于保证应急办的低成本和协调的权威性。实际中，少数城镇政府将应急办与政府办公室分开设置，导致应急办与政府办公室的日常职能脱节，一旦发生突发事件，应急办不能迅速、准确掌握危机源和应急资源，增加了协调的时间成本，降低了应急处置的效率。另外，应急办与政府办公室分设，难以避免日常工作的交叉和冲突，进而影响常态管理与应急管理的有效切换。

7.2.2 权责体系方面的问题

7.2.2.1 应急办职责范围不清，影响协调、枢纽职能的发挥

突发事件应急管理中权责不等、责任无法落实是造成突发事件处理效率低下的体制原因。我国多数城镇政府虽设有应急办，但应急办应该履行的责任并不明确，且部分职责与相关职能部门及其他应急机构重叠，关系不顺的问题在突发事件处置和常态工作中都有出现。比如，江阴市针对突发环境污染事件，对其应急办和专项工作机构环保局的工作职责是这样规定的：应急办负责与本市相关部门的联系和协调工作，以及就跨县级市、地级市突发环境污染事件应急抢险救援事宜与毗邻地区政府的沟通与协调工作；环保局的主要职责是在应急管理领导机构的领导下，承担突发环境事件的应急组织协调工作，实际上也履行着与突发

环境事件相关部门的协调职责。

7.2.2.2　应急指挥职能不够协调顺畅

我国一些城镇地区不同程度地组建了一些应急处置的组织机构，如公安消防、森林防火、防汛抗旱、地震救援、水上搜救、矿山搜救、铁路救援、民航救援、核事故和危险化学品处理等专业应急机构和救援队伍，他们在各类突发事件的救援活动中都发挥了不可估量的积极作用。然而，因各专业应急救援组织和团体所属地区、部门和机构不同，由各职能部门分别管理，相互间缺乏有效沟通和协调，网络互通、资源共享度不高，缺少统一的灾害应急指挥决策系统，这些救援力量相对独立，局限于各自专业领域，功能较为单一，只能应对某种特定的突发事件，通用性差，一旦发生重特大灾害事件，次生衍生连锁灾害较多时，往往难以应对，这样会制约和影响应急救援整体效能的发挥。

7.3　我国城镇应急管理体制完善的政策建议

7.3.1　完善组织架构的政策建议

构建由领导机构作领导决策层，专家机构、应急指挥部和联动机构作指挥协调层，工作机构作处置实施层的应急组织架构（见图 7-2）。将应急办设在城镇政府办公室，增加应急办人员编制，以立法或红头文件的形式给予落实。将相关职能部门专业技术或管理人员编制纳入应急办，平时在各自岗位工作，突发事件发生时能迅速集结到应急办处置各类突发事件。城镇应急管理工作要树立“大应急”的思想意识，即针对目前各自为政、相对分散而各级

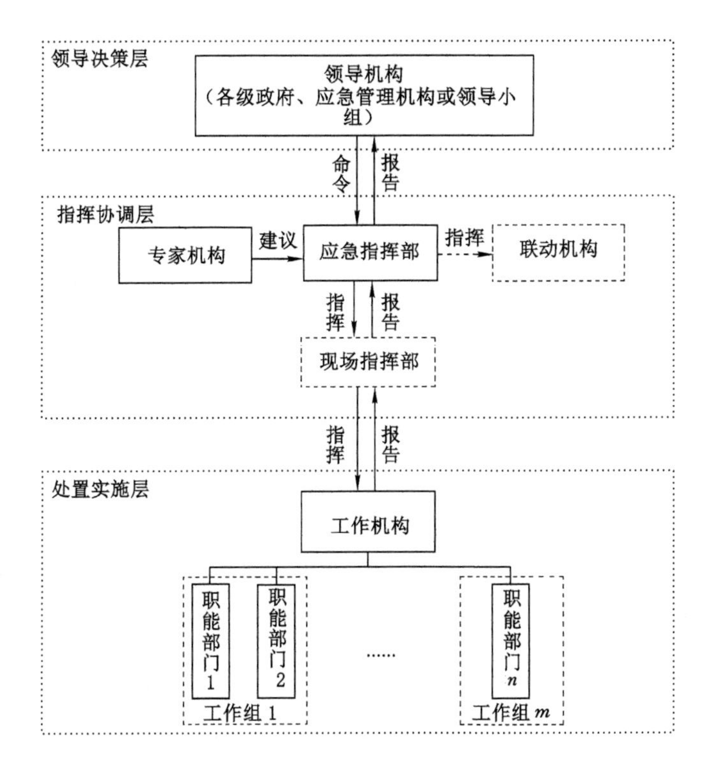

图 7-2　组织指挥体系架构图

指挥中心一时又难以健全的状况，通过定期合成演练、定时定点抽测等方式，检验各级政府和各有关部门的联动能力，以增强协同意识，强化指挥权威，提高应急管理整体水平。明确各单位、部门、岗位职责，加强指挥员业务和决策能力的培训，建立科学合理的问责制度，让指挥员在突发事件面前，敢于作应急决策。

7.3.2 完善权责体系的政策建议

根据组织指挥体系中的机构关系以及应急处置的专业职能确定各机构和部门的相应职责任务，并划清职责界限，强化应急机构之间的协调关系，充分发挥应急管理的整体效能。第一，明确城镇政府应急办的职权，使之专职化、实权化、常态化，成为能够调度专业救援队伍和应急资源的日常应急事务管理机构。要以上一级政府和城镇自身的实际情况与特点，进一步细化各应急机构的职能。常态时，由应急办综合协调多个应急机构实施应急管理；突发事件发生时，由应急管理领导机构行使指挥和处置权。第二，合理统筹多方应急力量。发挥城镇政府在监测、预警和响应方面的积极主导作用，最大可能地调动社会各方各类力量、资源共同处置突发事件，形成政府、社区、企业、个体、个人、民间组织和国外援助等全方位的社会整体应急救援网络，并确保各方各类救援力量协调有序开展救援活动，发挥突发事件处置的整体效能。

第八章　我国城镇应急管理机制研究

8.1　我国城镇应急管理机制的概况

应急管理机制是行政管理组织体系在遇到突发事件后有效运转的机理性制度，具体表现为突发事件发生的前、中、后过程里所采取的各种制度化、程序化的应急管理方法与措施。应急管理机制与体制有着相辅相成的关系，建立统一指挥、反应灵敏、功能齐全、协调有力、运转高效的应急管理机制，既可以促进应急管理体制的有效运转，也可以弥补体制存在的不足。

应急管理机制是指城镇处理突发事件的相应措施与制度，即由风险评估—监测预警—应急响应—恢复重建为主线的应急管理运行机制。因本课题仅涉及突发事件应急准备和应急救援，故突发事件善后机制不在课题研究范围之内，具体如图 8-1 所示。

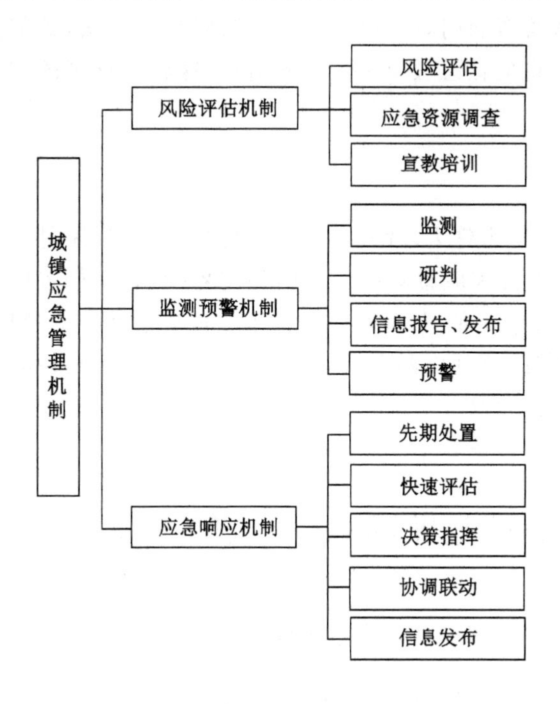

图 8-1　城镇应急管理机制

8.1.1 风险评估与应急资源调查机制

目前,我国城镇气象、地理、地震、卫生、防疫等政府部门都建立了相应的评估监测体系,开展有关灾害风险的评估、预报、预警工作。我国多数城镇政府和各单位针对防汛抗旱、危化品事故处置、环境事故处置、卫生应急、交通救援、矿山救护、森林火灾处置均按国家对应急资源数质量的要求,配备了基本的应急资源,并结合广场、绿地、公园、学校、人防工程、体育场馆等公共场所的建设和规划,建设了基本应急避难场所。但由于部分城镇地处气象、海洋、洪水、地震等灾害发生频率较高的地区,且远离城市,经济、技术落后,人才缺失,应急资源匮乏,故没有配备先进的风险评估软件,相关应急人员未能掌握风险评估的技术方法,风险评估机制没有发挥应有的预控、预警作用,应急资源调查工作没有开展,物资储备不充足。

8.1.2 监测预警机制

我国城镇信息数字化平台的构建,为城镇灾害预测提供了便利条件。作为城镇应急管理决策支持系统构建的数据库,有利于更加切实、准确地进行决策制定。但是,对于各种突发事件的发生,尚且没有极佳的手段进行预测,仅仅能够通过灾害孕育环境、灾害诱发因素、灾害发生前兆等大量信息的整理,完成城镇灾害的预测。这些信息由不同政府部门进行收集整理,要想有效地利用这些信息进行灾害监测和预测,是一件不容易的事情。首先,相关工作人员向有关部门收集资料时,很可能会遇到推诿现象;其次,该部门提供的信息可能是没有经过专业处理的冗杂的信息甚至是无用的信息,这就给灾害的监测和预警增加了很大的困难。

8.1.3 应急响应机制

当前,我国城镇的突发事件大多缺乏直接有效的预测预报条件,其监测、预警和突发事件往往同时发生,导致预警和应急响应没有明显的界线,先期处置的重要作用没有得到发挥。从应急响应过程看:一方面,专项灾害职能部门时常感到应急救援力量和资源紧缺;另一方面,专项灾害职能部门感到协调困难,其他部门现有应急力量和资源得不到充分利用,未能实现资源共享和协同行动。启用应急指挥部虽可弥补这一缺陷,但其他应急管理阶段的协调问题并未得到真正解决。

8.2 我国城镇应急管理机制存在的主要问题

8.2.1 风险评估与应急资源调查机制存在的问题

8.2.1.1 风险评估指标体系不健全,应急资源配备缩水

从整体看,我国城镇对灾害风险信息的综合利用、评估和趋势预测有所不足,风险评估指标体系不健全,国家没有给出行业危险有害因素的辨识标准,编制预案的部门和工作人员对本地区、本行业的突发事件风险隐患、致灾因子和应急资源等情况大多缺乏了解,不清楚辖区内风险隐患的种类、性质、危害程度、发生可能性、触发因素与转化机制等,导致对自身

风险评估不到位，不利于实现综合减灾和早期预警。有些城镇基层单位应急经费不足，只配置了最低限的应急物资，一些重要、昂贵的装备并未按应急需要购置。部分城镇的应急避难场所数量和质量不符合应急要求。

8.2.1.2 脆弱性分析相对滞后

我国城镇自然灾害和安全生产应急预案虽然已引入了脆弱性分析，但是还没有引起各级政府、相关职能部门和工作人员的高度重视。目前，我国城镇对人口、财产、关键（基础）设施、环境的分类和分项数据采集统计工作不够深入具体，自然灾害和安全生产风险评估软件、脆弱性分析软件研发应用程度远未达到普及，城镇人口、财产、关键（基础）设施及环境对各类灾害的脆弱性数据分析还有很多空白，仍有大量基础性、细致性、科学性的数据需要统计、录入和分析。

8.2.1.3 突发事件风险教育不够全面深入

随着城镇发生的突发事件越来越多，城镇政府对应对突发事件的风险教育和防灾演练加大了投入力度，公众的风险防范意识得到了进一步加强。但还存在思想认识不到位，宣传教育不普及，教育手段形式单一，内容不够全面细致，教育资金投入、教育力量培养、教育资源整合不足等问题。加之城镇基础设施建设相对薄弱，网络化、信息化程度不高，教育水平相对落后，城镇人员外出务工较多，人员流动性大，形成教育空白和盲区。政府、社区、企业和社会团体职能定位不具体，联动效应差，没有形成整体力量，未对城镇人员开展全面深入的风险教育。

8.2.2 监测预警机制存在的问题

8.2.2.1 监测预警手段落后

我国城镇地区有一些政府和部门尚未对突发事件预警工作产生清晰认识，具体表现为缺乏统一的突发事件预警系统，尤其对某些常规突发事件（如台风、洪水、火灾）尚未制定有效的预警机制。部分城镇对各类灾害的监测和预警手段较为落后：监测缺乏科学的现代化工具，大多以观察登记台账为主，监测准确性差；预警信息发布的渠道较为单一，主要通过短信或微信推送发布预警信息，个别经济落后地区仍靠喇叭广播，大大延迟了公众接收信息和应对风险的速度。

8.2.2.2 研判人员不专业，研判技术不成熟

对灾害监测结果的准确研判可以用于突发事件的预警，也可以用于突发事件各阶段的决策指挥，重要性不言而喻。但是，我国城镇研判工作或流于形式或出现失误，没有为及时预警提供有效的依据。主要有以下两点原因：一是缺乏高水平的研判决策者和专业技术人员。我国城镇多数应急管理人员没有接受过针对灾害监测结果进行研判的培训，在应急状态下，很难作出正确的研判。二是研判技术不成熟，缺少信息资料，不少研判凭经验判断，严重影响了研判结果的科学性和准确性。

8.2.3 应急响应机制存在的问题

8.2.3.1 先期处置效果差，增加后期处置成本

突发事件先期处置的有效与否决定了伤亡和损失的大小、处置成本的高低、后续工作的难度和效率。我国城镇基层突发事件主体大多没有树立起先期处置的意识，对突发事件的

危害缺乏认识，加之层层请示报批，见事迟、处置慢，缺乏敢于负责的精神，导致事件不断升级，造成较大损失。另外，政府不能及时、正确地引导舆论，谣言四起，加剧民众的恐慌，增加了后期处置的难度。

8.2.3.2　快速评估没有发挥应有的作用

第一，对突发事件的等级划分决定着响应级别，我国城镇对突发事件发生初期的快速评估工作缺乏科学的工具，大多由经验判断，当经验发生偏差，响应级别决定错误时，就会严重影响应急处置的效率，造成人员伤亡和财产损失。第二，对突发事件危害程度不能进行快速评估，相关部门就无法联合响应，从而贻误应急处置的最佳时机。第三，突发事件发生初期，快速评估必须在不确定性大、时间紧、资源与信息有限的情况下完成，快速评估者的压力较大。一旦评估失误，定错响应级别和处置措施，作出快速评估决策的人要承担很大的责任。所以，不管是应急管理决策者还是专业技术人员，都不敢轻易作决定。

8.3　我国城镇应急管理机制完善的政策建议

8.3.1　完善风险评估和应急资源调查机制的建议

8.3.1.1　加强风险评估和脆弱性分析，提高预案的科学性、指导性

一方面，重视事前的风险评估。通过对应急预案针对的风险状况进行排查、登记、分析，判断风险发生的可能性，分析事件可能产生的直接后果以及次生、衍生后果，判定风险级别，选择相应的风险应对措施及突发事件发生后的应对措施，从而提高预案的可操作性。另一方面，强调对灾害的脆弱性分析。第一，利用专业的评价方法和模型进行脆弱性分析，用定量评估的方法预测可能发生的灾害等级，掌握城镇和企业抵抗风险的能力，提高应急预案的科学性和应急决策的准确性。第二，对城镇人口、财产、关键（基础）设施、环境进行逐一分类、细化，做好基础数据采集统计工作，为进行脆弱性分析提供数据支撑。第三，加强脆弱性分析软件的研发和应用，依托基础数据采集统计和大数据分析，增强脆弱性分析的科学性，提高应急预案的指导性。

8.3.1.2　深化突发事件风险教育，全面提高民众风险防范意识

一是要切实提高风险教育思想认识。要重视促进公众宣传，树立风险教育的价值意识，要把公共教育作为一种公众风险教育、降低风险和提高城镇抗灾能力的有效方法来进行规划，明确政府、社区、企业、教育培训机构、应急救援部门和民间救援组织的具体责任，区分具体职能，实行整体联动，搞好压力传导，将风险教育切实抓紧、抓实、抓深入。二是拓展多种教育形式。广泛利用传统媒体、网络等渠道来教育公众，扩大教育普及面。三是深化、细化教育内容。使用可靠的数据和先进的技术提高公众对灾难的整体认知和安全意识，使公众了解危害所带来的风险，掌握正确处理各类灾害的具体方法和手段，提高应变能力。

8.3.2　完善监测预警机制的建议

8.3.2.1　开发应用监测、研判、预警新技术

第一，城镇重大危险源、高风险区重点目标的监测监控难度较大，物联网技术的应用能够实现对重大危险源和风险提前预警和实时监管，通过对典型重大危险源和高风险区的监

测，有选择性地对重要防护目标等进行安全状态监测，为人群安全疏散与避难提供预警和赢得宝贵的避灾时间，从而提高重大危险源的状态监控、安全管理、灾害控制和应急管理的效率。第二，加强对研判所需硬件资源的开发，注重研判决策方法与决策形成机制的科学性，通过开发专家网络会商机制、灵活利用研究部门资源等多种方式，提升研判的科学性。同时，要注重研判结果使用的效率，建立立体化、多层次、全方位的信息收集和分析网络，运用科学的信息评估方法提高信息评估的及时性和准确性。

8.3.2.2　建立健全预警信息报告、发布制度

第一，加强城镇政府与上级政府、相邻地区政府的信息交流工作，使信息能够在有效时间内传递到行政组织内部的相应层级，有效发挥应急预警的作用。第二，拓宽信息报告渠道，建立社会公众信息报告制度，鼓励任何单位和个人向政府及其有关部门报告突发事件隐患。同时，不断尝试新的社会公众信息反馈渠道，如开通网上论坛，设立专门的接待日、民情热线、直通有关领导的突发事件专线连接等。第三，建立权威、畅通、及时、准确的突发事件预警信息发布渠道，建立以城镇预警信息发布中心为主体、乡村分中心为依托的预警信息发布体系，实现以信息员网格化单元为基础的预警信息分灾种、分区域、分群体、分时段地及时快速发布，确保广大人民群众在第一时间掌握预警信息，及时采取有效防御措施。

8.3.3　完善应急响应机制的建议

8.3.3.1　明确先期处置的主体和责任

确定基层为信息报送的第一来源和先期处置的重要主体。基层组织和群众积极配合上级政府、外部专业救援队伍开展处置工作，在现场取证、道路引领、后勤保障、维护秩序等方面充分发挥协助处置的作用。细化先期处置措施，规范突发事件发生地应急管理部门进行临时性前期应急控制的权责，防止事态进一步扩大，尽可能减少危害。建立先期处置队伍和后期增员队伍的工作衔接机制，提高科学处置的水平。作为先期处置的主体，还要善于同媒体打交道，及时发布真实信息，主动、正确引导舆论走向。

8.3.3.2　建立快速评估机制，加强队伍培养

快速评估能够为应急响应科学决策提供依据，其重要性不言而喻。第一，要尽快结合城镇本身和突发事件的特点开发快速评估方法。使用快速评估方法，需要准确、详尽的基础数据条件。这就需要在应急管理日常工作中通过建立过往突发事件数据库、历史资料数据库等不断积累。第二，快速评估对响应者专业和经验的要求较高，在日常应急管理工作中，要重视对相关专业技术人员和决策者的培养和培训，保证其在突发事件后第一时间能够顶得住压力，放开胆子，用科学的方法和丰富的经验作出快速评估，为应急决策提供有力支持。

第九章　我国城镇应急管理法制研究

9.1　我国城镇应急管理法制的概况

2007年8月30日,第十届全国人大常委会第二十九次会议通过了《突发事件应对法》,对我国突发事件的管理体制、运行机制作了全面规定。同年11月1日,《突发事件应对法》正式施行,这是我国第一部应对各类突发事件的综合性法律,确立了应急管理工作的法制化方向,为推动应急管理体系建设,规范突发事件应对活动提供了法律保障。

《突发事件应对法》出台后,我国应急管理法律体系表现为以宪法为依据,以《突发事件应对法》为核心,以相关单项法律法规为配套的特点。各地方政府根据这些法律法规又颁布了适用于本行政区域的地方立法,从而初步构建了一个从中央到地方的突发事件应急法律法规体系。

9.1.1　法律法规

在国家和各级地方政府的高度重视下,我国突发公共事件应急法律、各级行政法规、各部门规章及相关文件的建立健全和完善取得了突出成效。涵盖四大类突发事件的法律法规也逐步确定(见表9-1)。

表9-1　应急预案相关的法律法规

事件类别	法律法规
自然灾害类	《突发事件应对法》《中华人民共和国水法》《中华人民共和国防汛条例》《蓄滞洪区运用补偿办法》《中华人民共和国防沙治沙法》《人工影响天气管理条例》《破坏性地震应急条例》《中华人民共和国防震减灾法》《中华人民共和国森林防火条例》《中华人民共和国森林法》《中华人民共和国森林法实施条例》《森林病虫害防治条例》《自然保护区条例》《草原防火条例》《海洋石油勘探开发环境保护管理条例》《地质灾害防治条例》《军队参加抢险救灾条例》
社会安全事件类	《中华人民共和国民族区域自治法》《中华人民共和国人民警察法》《信访条例》《行政区域边界争议处理条例》《营业性演出管理条例》《中华人民共和国商业银行法》《中华人民共和国证券法》《期货交易管理暂行条例》《中华人民共和国领海及毗连区法》《国防交通条例》《民用运力国防动员条例》《军人抚恤优待条例》《中华人民共和国农业法》《中央储备粮管理条例》《中华人民共和国种子法》《中华人民共和国民用航空安全保卫条例》《兽药管理条例》《中华人民共和国水生野生动物保护实施条例》《中华人民共和国戒严法》《中华人民共和国监狱法》《中华人民共和国企业劳动争议处理条例》《殡葬管理条例》《中华人民共和国中国人民银行法》《中华人民共和国保险法》《中华人民共和国银行业监督管理法》《中华人民共和国预备役军官法》《中华人民共和国专属经济区和大陆架法》《民兵工作条例》《退伍义务兵安置条例》《中华人民共和国价格法》《粮食流通管理条例》《中华人民共和国民用爆炸物品管理条例》《中华人民共和国野生动物保护法》《农药管理条例》《饲料和饲料添加剂管理条例》《中华人民共和国陆生野生动物保护实施条例》

续表 9-1

事件类别	法律法规
事故灾难类	《生产安全事故报告和调查处理条例》《中华人民共和国矿山安全法实施条例》《煤矿安全监察条例》《建设工程质量管理条例》《劳动保障监察条例》《道路运输条例》《渔业船舶检验条例》《海上交通安全法》《中华人民共和国铁路运输安全保护条例》《中华人民共和国电信条例》《特种设备安全监察条例》《中华人民共和国民用核设施安全监督管理条例》《中华人民共和国水污染防治法实施细则》《中华人民共和国环境噪声污染防治法》《中华人民共和国固体废物污染环境防治法》《防止拆船污染环境管理条例》《防治船舶污染海洋环境管理条例》《中华人民共和国放射性污染防治法》《农业转基因生物安全管理条例》《放射性同位素与射线装置安全和防护条例》《中华人民共和国消防法》《国务院关于预防煤矿生产安全事故的特别规定》《国务院关于特大安全事故行政责任追究的规定》《工伤保险条例》《建设工程安全生产管理条例》《中华人民共和国内河交通安全管理条例》《中华人民共和国河道管理条例》《中华人民共和国海上交通事故调查处理条例》《电力监管条例》《中华人民共和国计算机信息系统安全保护条例》《中华人民共和国环境保护法》《中华人民共和国防治海岸工程建设项目污染损害》《中华人民共和国大气污染防治法》《中华人民共和国水污染防治法》《中华人民共和国海洋环境保护法》《淮河流域水污染防治暂行条例》《危险化学品安全管理条例》《核电厂核事故应急管理规定》《中华人民共和国建筑法》
公共卫生事件类	《重大动物疫情应急条例》《中华人民共和国传染病防治法实施办法》《中华人民共和国食品卫生法》《中华人民共和国动物防疫法》《中华人民共和国进出境动植物检疫法》《中华人民共和国国境卫生检疫法实施细则》《传染病防治法》《突发公共卫生事件应急条例》《中华人民共和国国境卫生检疫法》《植物检疫条例》

9.1.2　部门规章

2007 年 7 月 31 日，国务院办公厅发出《关于加强基层应急管理工作的意见》(国办发〔2007〕52 号)，明确了基层组织和单位应急管理工作的重点任务和全面推进基层应急管理工作的主要措施。

2009 年 10 月 18 日，国务院办公厅《关于加强基层应急队伍建设的意见》(国办发〔2009〕59 号)，明确了基层应急队伍建设的基本原则和建设目标，提出了加强基层综合性应急救援队伍以及防汛抗旱队伍，森林草原消防队伍，气象灾害、地质灾害应急队伍，矿山、危险化学品应急救援队伍，公用事业保障应急队伍，卫生应急队伍，重大动物疫情应急队伍等基层专业应急救援队伍体系建设的主要思路，并对完善基层应急队伍管理体制、机制和保障制度提出明确要求。

社区、乡村、学校、企业等基层单位的突发事件预防和应急准备工作正在有序进行。在学校方面，2006 年修订的《中华人民共和国义务教育法》(以下简称《义务教育法》)规定，要对学生进行安全教育，从法律层面对学校安全工作作了明确规定，为中小学校开展安全教育工作提供了依据和保障。结合中小学安全工作的实际，教育部在中小学安全教育和管理工作法规建设方面采取了以下措施：一是 2006 年教育部与公安部等 10 部委以部长令形式印发了《中小学幼儿园安全管理办法》；二是制定了《中小学公共安全教育指导纲要》；三是制定了《教育系统突发公共事件应急预案》；四是制定并印发了保障学生饮食安全的规定。

2006 年 3 月，国家安全监管总局颁布了我国安全社区建设基本标准——《安全社区建设基本要求》(AQ/T 9001—2006)。自 2002 年以来，北京、上海、山东、广东、山西、河北、辽宁等省(自治区、直辖市)已有众多社区开展了安全社区建设工作。

9.2 我国城镇应急管理法制的主要问题

9.2.1 应急法制理念还没有完全树立

应急法制理念应从立法、执法、知法、守法四个方面建立。自《突发事件应对法》颁布以来,各级政府组织了宣传、学习和贯彻的工作,但是仍然还有很多人不了解这部法,因此普及和应用法律的任务还很繁重。由于对法律法规的宣传教育不够,全社会对相关法律了解的广度、深度不够。从实践效果来看,公共应急法制的社会基础条件,如公共应急法制的公众知晓度、认同度、适应度和配合度以及社会心理状况等,亟待进一步改善。这也是造成已有的公共应急法律法规未能充分发挥出应有保障作用的重要原因。

9.2.2 应急基本法律层次尚显单薄

《突发事件应对法》填补了应急管理基本立法的空白,也解决了应急管理实践中需要规制的主要问题。但是,近年来,复合灾害事件频现,暴露出应急机制的缺失。《突发事件应对法》仅对宪法所规定的政府行政权力能够有效地控制突发事件作出了规范,也就是将常态的政府应急管理纳入法制体系,而对于一般的措施难以处置的"紧急状态",尚需要制定紧急状态法。此外,《突发事件应对法》的完整性也不够,如调整的突发事件外延偏窄,对网络手段在应急工作中的作用未予足够重视,对军队等武装力量在应对突发事件中的法律地位和作用规定不明确等。

9.2.3 缺乏有关社会机构、志愿者参与救援的立法

历史突发事件处置经验已证明,社会团体、组织和志愿者在突发事件处置中承担了大量的救援工作,成为政府及各部门救援力量的重要补充。但社会机构人员和志愿者都是自发进入突发事件发生现场,往往因为没有经过专业、系统的救援培训,遇到危急情况处置不当,可能受伤甚至死亡。我国应急管理相关法律法规,并没有对社会机构人员和志愿者因参加突发事件救援所遭受伤亡的救助、补偿、抚慰、抚恤、安置等有明确规定。

9.3 我国城镇应急管理法制完善的政策建议

9.3.1 加强应急管理法制建设

完备的应急管理法律体系要符合两个标准:一要涵盖重要的突发事件;二要协调统一应急法律法规。首先,构建并健全高位阶法律体系,同时在高位阶法律框架下,制定应急法律法规。在制定过程中,要注意上下位法、法规与法规之间的配套性和衔接性,形成较为系统的应急法律体系。其次,规范现有应急管理法律法规。通过修订、废止法律法规条文或进行法律解释等手段,消除不同法律法规之间的不统一,打破地方、部门利益的局限性,实现应急管理法律体系的统一协调。

9.3.2　尽快制定《突发事件应对法》的配套法规及规章

根据我国公共安全管理法制建设的实践和《突发事件应对法》的规定，按照现代应急法制的要求认真修订现行的应急法律法规和制度规定，认真修订完善各级、各类应急预案，为突发事件应急管理工作提供更充分的法律依据和保障。比如，抓紧整合各类食品安全标准，尽快建立和完善统一有序的食品安全标准体系，提高食品安全标准的科学性、合理性，规范食品的生产和经营。建立和完善诸如应急征用与补偿、应急预案、突发事件应对中的行政问责等具体制度，为应急管理工作提供完善的制度保障。

9.3.3　进一步通过立法明确社会机构、志愿者救援权责

在应对突发事件过程中，城镇政府依法高效行使权力，保证社会团体、民众依法参与救援，受赔偿、救助对象依法得到补偿，充分调动公众参与的积极性。第一，立法规定社会机构、志愿者救援权责。建立志愿者登记管理机构，审核志愿者救援能力，明确志愿者救援职责和任务，确定志愿者伤亡补偿和抚恤标准。第二，立法规范社会机构救援的社会责任。明确规范社会机构参与救援的社会责任，建立社会机构与政府部门、其他应急机构间的协调机制，确保通信互通、信息共享、指挥统一、责权明确。

第四篇　我国城镇应急预案体系研究

此篇主要对城镇应急预案体系进行研究，基于我国城镇现有的应急预案体系进行优化，简化方法工具，明确规范化预案编制标准和编制流程，提高城镇应急预案的专业性和可操作性。

第十章　我国城镇应急预案体系的构成

10.1　应急预案

从国家层面来看，应急预案体系主要包括国家预案、省级预案以及地方预案，从预案的类型来看，主要包括总体预案、部门预案、专项预案以及重大活动预案。对应到城镇，主要从政府和企业两个主要主体进行研究。

10.1.1　政府预案

政府预案主要应用于政府及各相关部门，其内容一般包括总则、风险评估与应急资源调查、组织指挥体系、监测预警、应急响应、应急保障、应急预案管理以及附则、附件等。

总则主要阐述应急预案的背景信息，包括编制目的、依据、适用范围和工作原则；风险评估与应急资源调查主要是识别危险源，包括风险评估和应急资源调查；组织指挥体系主要说明各相关群体及其主要职责，包括通则和组织架构，其中组织架构涵盖领导机构、联动机构、应急指挥部、现场指挥部、专家机构、工作机构和其他；监测预警包括监测、预警分级、预警预防和预警信息的报送、发布、调整和解除；应急响应包括通则、信息报告、先期处置、分级响应、应急结束、后期处置和新闻及信息的发布；应急保障包括资源保障、资金保障、通信保障、医疗卫生保障、交通运输保障、治安保障、科技保障和其他保障；应急预案管理主要包括通则、宣传教育、培训、演练、评估、修订和废止。附则主要包括预案的解释、报备、实施部门、有效期、实施时间。附件主要包括风险评估附件、组织结构图和职责分配示例附件、基本职能类型附件、应急资源保障管理要求附件。

10.1.2　企业预案

不同于政府预案，企业预案是应用于企业生产实践过程中发生的突发事件，更侧重现场处置。企业预案的内容与政府预案大体相似，包括总则、事故风险描述、应急组织机构及职责、应急响应、后期处置、保障措施、应急预案管理以及附则、附件等。企业预案的总则包括编制目的、编制依据、适用范围、衔接预案、应急预案体系、应急启动条件，其中衔接预案涉及政府与企业预案的协同问题。

10.2　应急预案应用工具

应急预案应用工具主要指在突发事件发生时，启用应急预案过程中现场处置指导所需的工具，主要包括流程图和应急处置卡等。

10.2.1 应急管理流程图

应急管理流程图主要应用于突发事件的现场处置环节，从事故预警到应急救援结束，以一张清晰明了的流程图表明各个环节的主要工作以及相关人员的主要职责（见图 10-1）。

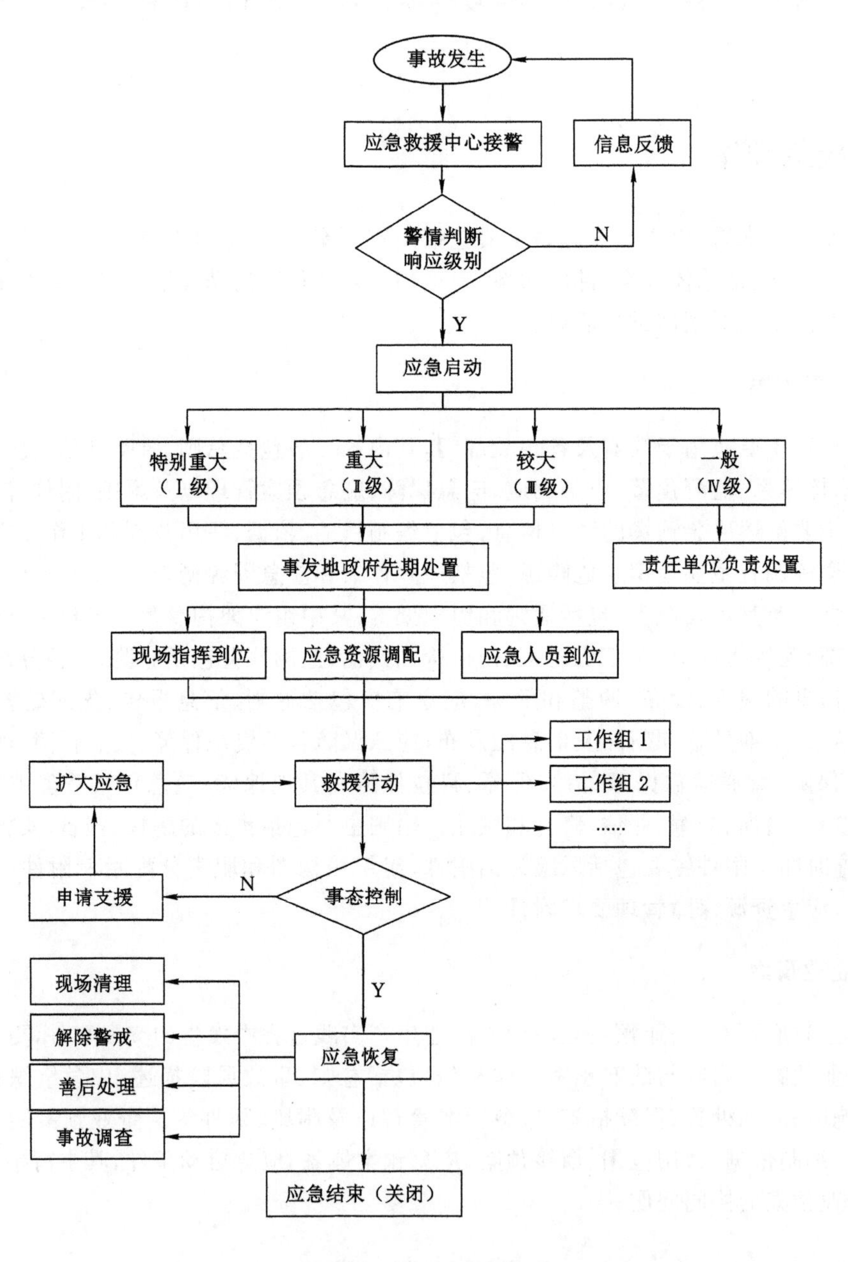

图 10-1 应急管理流程图

10.2.2　应急处置卡

应急处置卡主要用于事件发生时现场人员的处置，所以在卡片反面必须包含主管单位名称、联系电话、联系人等信息，卡片正面主要写明事件发生时相应岗位人员的应急响应要点和步骤。应急处置卡具体根据企业所在行业、可能发生的事件类型以及持卡人所处的岗位进行制作(见图 10-2)。

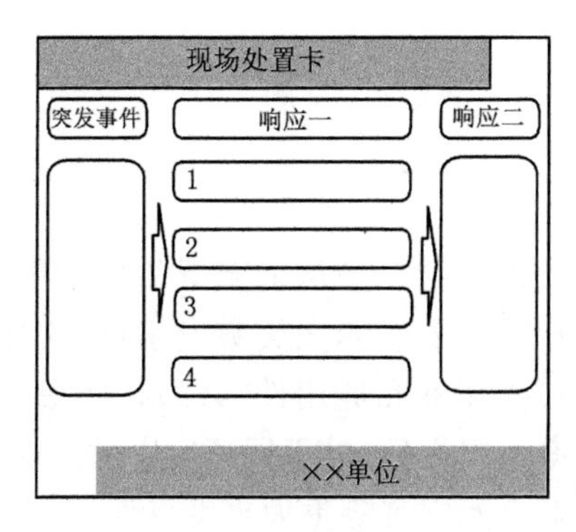

正　面

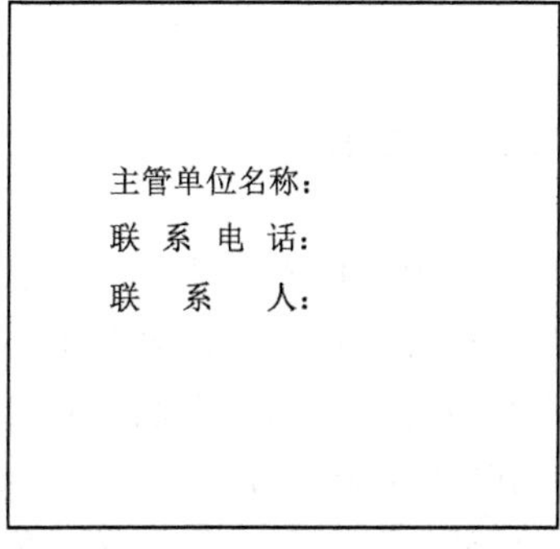

反　面

图 10-2　应急管理现场处置卡

第十一章　我国城镇应急预案及其应用工具的标准

11.1　标准编制原则

我国现有的应急预案体系覆盖了国家、省、市、县、乡等从上至下的各个层面，并且应急预案内容涉及自然灾害、事故灾难、公共卫生和社会安全四大类突发事件，为保证标准对多层级、多领域、多类型的不同预案编制均具有可操作性和通用性，必须在考虑事发当地风险特点的基础上，同时兼顾全国各地、各类型预案不同之处，对不同预案中的共性点进行提炼，形成统一规范。另外，美国、日本等国家为应对自然灾害等重大突发事件，早在 20 世纪初就开始了突发事件应急预案编制工作，积累了丰富经验，形成了一套较为成熟的应急预案体系，并且不断发展和完善。而纵观国内应急预案建设和发展，目前还刚处于起步阶段，存在许多与应对重特大突发事件不相适应的地方，需要在预案编制时一边借鉴、吸收国外先进应急管理经验，一边结合我国实际发展情况。为此，标准在制定的过程中应充分考虑以下原则：

（1）预案易读性原则

城市各级应急预案的编制应从实际救援人员的视角进行描述，保证刚刚接触应急预案的应急人员看过可以立即明白如何迅速开展救援行动。操作程序应按照实际应急处置的次序编排，采用图表、流程等形式便于理解，并通过彩色活页对应急处置分级对应内容进行区分，以方便查阅。

（2）编制理念既立足国情，又借鉴国外先进经验

我国由于应急管理方面现有的人力、物力、财力还十分有限，并且受基层应急人员专业素质的限制，预案编制还难以一步到位达到国外先进水平。因此，一方面，城市各级应急预案的编制应立足实际，符合本地区经济水平和应急能力水平；另一方面，学习、吸收国外先进理念和经验，不断提高预案的编制水平。

（3）规范与创新并存

应急预案作为法律法规的必要补充，是依据法律法规而制定的工作方案，因此，应在内容上符合相关法律法规要求。同时，为了提高应急反应速度，还应在形式和编排上力求创新，提高可操作性。比如，指挥调度程序在不同类型预案中各不相同，怎样才能使这些内容表达得更直观呢？通过换位思考，在预案编制过程中，站在指挥调度人员的角度来考虑，相对来说要比单独依据编制原则和规定的编制程序更具有可操作性。

（4）持续改进原则

应急预案作为突发事件的工作方案，并不是一成不变的，其生命力和有效性就在于不断地更新和改进，需要根据法律法规修订、应急演练和实际应对的经验教训以及风险评估、组

织机构变化等，适时进行修订，通过在标准中加强对应急预案的演练、评估、修订和培训宣教等环节的规定形成一个持续改进的机制。

11.2　若干关键点要素内容的思考过程

11.2.1　对于风险评估的思考

风险评估和应急能力评估是制定应急预案的基础。美国、日本均强调在预案编制前进行风险识别和评估，通过风险评估可以全面、准确掌握本地区、本行业的风险隐患存在情况，预案编制人员就能根据结果发现潜在风险，确定应急资源的储备和准备计划，并在此基础上制定有针对性的应急预案和应急措施。通过对国内外大量风险评估方法的研究以及实际案例的分析，标准中拟通过先行建立简易的定性风险评估方法对预案编制进行指导，以不断提高应急人员对风险评估理念的认识，再等到时机成熟时逐步过渡实施完整的风险评估。

针对实践中大多数地方和部门在编制应急预案时，缺乏对风险和应急资源现状的系统分析，没有结合自身应急资源和周边可以调用或支援的应急资源的现状，标准中借鉴国外风险评估的先进经验，并结合我国应急管理的现状和特点，建议风险评估参考采用风险评价指数法（RAC）定性风险评价方法，在有条件的地区可根据当地实际情况改选用定量风险评价方法或其他定性风险评价方法。风险评价指数法评价是根据突发事件发生的可能性和事件后果严重性的定性描述，来确定可能性等级和严重性等级，并将两者赋予一个定性的加权指数就得到评估指数。风险评价指数法通过评价所分析对象的所有潜在事故，定性地得到分析对象的风险水平。同时，风险评价指数法评价的结果必须与应急预案编制紧密结合起来，针对所评估突发事件的风险程度确定对应重点防范对象以及所需资源，并在此基础之上进行安全性评审和风险管理。

另外，针对自然灾害突发事件的风险评估可结合预案编制时该地区面临的灾害一般情况（通过对近5年发生灾害的分析，了解该地区发生可能性大、频繁发生的灾害情况）以及历史灾害极端情况（通过寻找曾经发生重大灾害的各相关指标的历史峰值，以了解该地区不常发生但后果严重的灾害情况），然后依据评估结果确定所需资源，并将其分为应对一般情况的基本资源和极端情况下需要额外调拨的紧急资源。因此，将应急资源计划对应分为年度常规储备计划和重大灾害紧急储备计划进行分类管理，以减轻资源管理的负担，提高资源的利用效率。其中，常规计划规定基本资源的配置，侧重于对资源的常年储备和更新进行集中控制管理，保证地区的基本安全；而紧急计划主要针对紧急资源的调配，对这部分资源可以通过对整个社会资源的整合，注重通过对社会资源的备案、调配程序等制度性规定对资源进行管理，常态时将资源释放回社会，由资源所有人进行自由管理。

11.2.2　对于标准如何提高应急预案可读性和可操作性的思考

在实际应急管理中，由于受到现有应急管理体制以及基层应急人手不足等方面的限制，我国一些地方在编制应急预案时没有对突发事件及其衍生事件进行系统分析和评估，缺乏情景模拟和假设，也没有组织相关部门充分讨论，以致预案中对处置措施的考虑很不周全，存在单一部门措施多、综合协作措施少，后方指挥措施多、前方组织措施少等问题。也有的预案对应急措施的要求不切实际，影响预案在实际响应中的可操作性。

应急处置是应急预案的核心内容，处置措施是否管用、处置责任是否明确是决定应急效果的关键，也是检验预案是否管用的重要方面。考虑到应急预案是应急处置的依据，其面向的对象是负责具体应急处置的人员，预案应重点对应急人员在应急响应过程中在何时、何地、如何采取哪些行动进行指导，因此本标准特别强调在编制过程中站在应急管理和操作人员的角度来思考突发事件的应对工作。由于具体的应对工作涉及的内容篇幅较多且专业性较强，为使预案更加简洁且方便查阅，可通过采取工作手册的形式将其作为附件列后，以明确各人员相应的具体应急处置步骤及措施，并在预案正文对这部分内容简述，做好预案与工作手册的衔接。为保证所制定措施有效针对当地风险隐患且具实际可操作性，标准还要求应急措施制定应在风险评估的基础上进行，措施中须明确做什么、谁来做、怎么做、何时做和用什么资源做等具体细节，并通过表格、流程图等形式简化对措施的文字性描述，保证刚刚接触应急预案的应急人员也能快速、顺利地理解和执行应急措施，同时采取蓝色、黄色、橙色、红色四种彩色活页对应急预案中预警与分级响应中的Ⅳ级、Ⅲ级、Ⅱ级、Ⅰ级的响应内容进行区分，方便在需要时能迅速查询到要采取的措施。同时，为确保标准中对预案可操作性的要求能有效落实到预案制定过程中，还对应各应急预案基本要素分别引入示例说明以供编制人员参照。

为细化指导预案中可能发生的各种情况，可对预案类型区别对待，将专项预案分为针对灾种和针对具体工作，前者专门规定特定灾区的应对过程，后者专门针对灾情过程中可能出现的重大情况或重点防护区域进行重点应急规划。另外，把应急响应过程划分为应急响应流程、应急处置措施、应急操作手册三个层次，分别从整体、部分和细节来全方位指导应急响应过程。

11.2.3 对于应急预案持续改进机制的思考

在实践中，很多单位把编制应急预案作为一项任务，从而忽视了对预案编制的过程管理，并且在预案出台后缺乏执行和演练，以致不能及时发现预案存在的问题，大大削弱了预案的指导作用和时效性。但应急预案作为突发事件的工作方案，并不是一成不变的，其生命力和有效性就在于不断地更新和改进，需要根据法律法规修订、应急演练和实际应对的经验教训以及风险评估、组织机构变化等适时进行修订。因此，标准中专门提出对预案评估和修订的规定，明确在什么时机、通过何种方法对预案进行修订，以推动应急预案的持续改进机制，保证预案与时俱进，与当地的应急能力、所处环境以及经济社会发展相适应。判断预案是否需要修订首先要结合预案所处的环境变化情况进行评估，其中，预案评估从机制上规定了定期评估，并明确了导致应急预案应当及时进行评估的情况；而预案修订则对修订的范围和程序进行了规范。

11.2.4 对于如何建立行之有效的应急组织指挥机制的思考

第一，“属地为主”已被国外各国广泛认可为应急管理中成熟的做法。美国是联邦制的国家，对突发事件实施分级响应、属地为主的应急管理，其各地方政府是应对突发事件的首要防线，承担应急响应现场指挥职责。当突发事件的严重程度超出地方政府的处理能力时，上级政府将在收到正式请求援助后启动高层级应急响应。值得注意的是，即使启动了高层级应急响应，上级政府也仅负责从人力、物力和财力等资源上对地方政府的应急响应提供援助，并对拨付的资源进行监督、管理，而应急响应的指挥权则仍归地方政府。同样在我国，当突发事件发生时，由于地方政府对事发地环境更熟悉，并且应急资源储备也更接近，应根据突发事件的级别尽可能在基层实施“属地为主”的应急响应机制，保证响应更加快捷、有效、及时。

第二，应急响应涉及政府多个专业部门以及众多社会机构，沟通渠道纷繁复杂，一旦沟通不畅，将导致应急救援的混乱，协调相当困难。基于此种情况，标准注意吸取了美国加州 1970 年森林大火的经验教训，重点参考借鉴突发事件指挥系统，并结合我国现有体制结构，对应急组织指挥机制进行了规定：参考美国《全国响应框架》中应急支持功能附件的理念对应急所需基本职能进行归类，并仿效突发事件指挥系统采用关键职能，而不是以具体职位为对象，对应急组织架构进行明确，组织指挥体系根据突发事件的类别、所在区域特点、行政体制以及行业应对惯例等选用相应的基本功能进行组合形成对应工作组，这样既可保留应急组织架构中所需的必要功能，又对不同类型预案具有普遍指导性。标准可将组织架构分为领导决策层、指挥协调层以及处置实施层三个层级，明确各层级的职责和分工，进而建立起等级有序的指挥关系，形成明确的指挥链，通过指令的下达和信息的反馈实现有效的统一指挥。通过加强协调各工作小组以及其他应急救援组织共同参与和协作，利用有效的“协同处置”机制，进一步加强他们之间的有机联系，并通过明确各工作组之间以及各成员单位之间的职责界限以防止应急过程中出现的职责不清、推诿扯皮。配套建立顺畅、高效、安全的内外部沟通机制也是必不可少的，只有将沟通渠道限定在必要的对象之间并明确好沟通方向，才能保障信息的有效传递。其中，内部沟通机制能促使政府同级机构及部门之间充分协作、综合协调，政府上下级机构做好上传下达，保障应急决策和措施的贯彻执行和信息的有效反馈；外部沟通机制则是为了使政府与外部主体间形成良性沟通协调，有效开展危机公关，正确应对公众舆论监督以及充分利用社会资源。

第三，应急管理离不开社会资源的配合与参与。美国尤其重视对社会资源的充分整合，并通过政府的投入、市民的支持以及完善的培训认证体系建立健全了美国社区安全员(CERT)制度，旨在培养具有社区安全意识和防灾、救灾知识及灾害医疗急救技能的社区志愿者，以此来积极推进安全社区建设。经实践验证，社区安全员是联系政府与群众的重要纽带，是提高市民应急互助与自救能力的有效途径。针对我国社会资源在应急管理参与不足，尤其是缺乏社区安全自救的问题，可借鉴美国减灾型社区建设的经验，并结合中国社区建设的现实特点，在社区中设立安全兼职人员岗位，并引入相关的培训机制。

11.3　标准组成及其主要内容

11.3.1　范围

介绍本标准的主要内容以及标准所适用的领域。

11.3.2 规范性引用文件

明确了对《公共安全业务连续性管理体系要求》(GB/T 30146—2013)、《风险管理风险评估技术》(GB/T 27921—2011)、《自然灾害损失现场调查规范》(MZ/T 042—2013)等标准的引用。

11.3.3 术语和定义

为了规范城市应急预案编制,本标准对一些重要术语进行了定义。

11.3.4 基本要求

明确了应急预案的编制原则、分类以及内容构成基本要素。

11.3.5 应急预案基本要素的编写

从名称、目录、总则、风险评估与应急资源调查、组织指挥体系、监测预警、应急响应、应急保障、应急预案管理、附则、附件等方面对应急预案的编制提出了要求。

11.4 推进应用的措施

应急预案对于应急管理至关重要,在实施过程中,需要加强标准的宣传和贯彻,并从以下三个方面对本标准进行推进:

(1) 组织措施

在应急预案的制定和实施过程中,明确其相应的组织机构和职责条款,成立专门的应急预案编制小组,并在人员组成、资格及职责要求方面进行限定。

(2) 培训措施

在标准的宣传和贯彻中,重点结合实例对相关预案编制人员进行标准实施细则方面的培训,指导其高效快速地编制适合当地特点且可操作性强的应急预案。

(3) 过渡办法

根据标准内容进行现有应急预案的改进。选择一些较成熟预案按标准要求进行改进;若暂无条件,应将本标准作为未来预案更新时的依据之一。

第十二章　我国城镇应急预案的编制流程

12.1　编制流程图

不同城镇应急管理预案体系的构建、流程与步骤存在差异，尤其缺少风险评估的环节，导致应急预案缺乏针对性；同时应急预案的更新迭代慢，导致应急预案的有效性存在问题。这里在编制流程中落实强化风险分析与应急能力评估、预案评估与修订环节，并细化各环节工作内容、步骤与要求，设计配套的标准化编制流程(见图 12-1)。

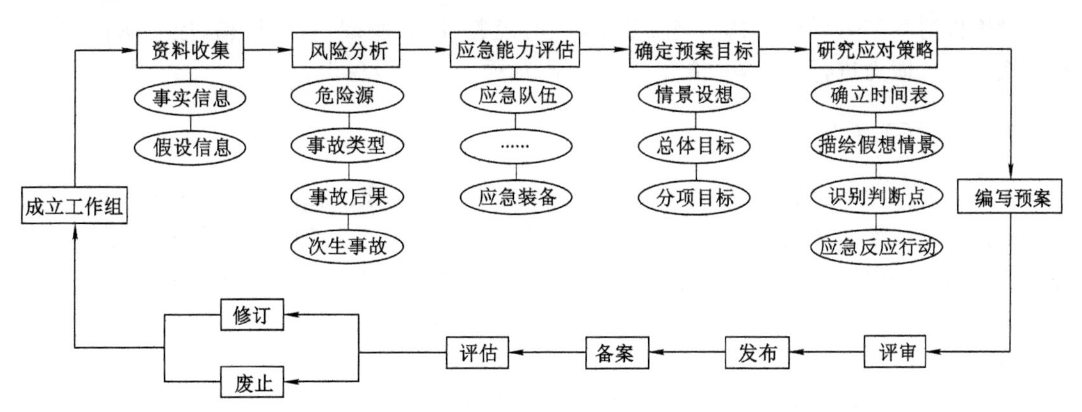

图 12-1　应急预案编制流程

12.2　编制步骤

12.2.1　成立工作组

在成立编制小组时，预案编制单位确保预案涉及主要部门和单位相关人员、有现场处置经验的人员、相关专家参与编制。工作小组建议确定组长，同时建立和扩大机构间的联系，有助于提高预案编制工作的规范性，有利于预案编制工作的实施和创新。

(1) 城镇总体应急预案由同级政府的应急管理办事机构组织编制。

(2) 城镇专项应急预案按照“谁主管，谁负责”的原则，由相关部门和单位组织编制。

(3) 城镇部门应急预案由有关部门和单位根据各自职责和城镇相关应急预案编制。

(4) 基层应急预案由街道、社区等基层组织编制。

(5) 企事业单位应急预案由企事业单位编制。

(6) 重大活动应急预案由活动主办方单位和公共场所经营或者管理单位编制。

12.2.2 资料收集

收集资料是城镇应急预案制定的关键,包括法律法规、资源清单和可能影响应急行动的地理(或地形特征)资料等。

12.2.3 风险分析

风险分析是预案编制的基础,有助于预案编制小组决定哪些灾害值得特别关注,哪些行动必须预先计划以及可能需要的资源。在危险因素分析及事故隐患排查、治理的基础上,确定本单位的危险源、可能发生事故的类型,进行事故风险分析,并指出事故可能产生的直接后果及次生、衍生后果,形成分析报告,提出控制风险、治理隐患的措施,将分析结果作为应急预案的编制依据。

12.2.4 应急能力评估

对单位财政实力、应急物资、制度建设、应对经验、法制基础、管理机构、应急队伍、装备和设施等应急能力进行评估,并结合单位实际,加强应急能力建设。

12.2.5 应急预案编制

针对可能发生的事故,按照有关规定和要求编制应急预案。在应急预案编制过程中,应注重全体人员的参与和培训,使所有与事故有关人员均掌握危险源的危险性、应急处置方案和技能。应急预案应充分利用社会应急资源,与地方政府预案、上级主管单位以及相关部门的预案相衔接。

(1) 确定预案目标

针对某特定强度的灾害,设想灾害的影响,具体包括:从预警到对辖区的影响(通过分析确定的影响),再到具体灾害后果(如建筑物倒塌、关键服务设施或重要基础设施的破坏、人员伤亡或迁移)。

总体目标是全面的概括性语句,确定主要应急反应启动、完成时间及其效果。

分项目标是应急反应过程中更加明确、具体的行动,这是实现应急反应总体目标的前提。

(2) 研究应对策略

预案制定者应当考虑需求、总体目标和具体分项目标,制定几个备选的应急反应方案。

城镇应急预案制定者可以通过以下几个步骤明确应对策略:① 确立事件时间表;② 描绘假想情景;③ 识别并描绘判断点;④ 确定并描绘应急反应行动。

12.2.6 应急预案的评审

评审由本单位主要负责人组织有关部门和人员进行。外部评审由上级主管部门或地方政府负责组织审查。

(1) 城镇总体应急预案经征求本区域相关部门和单位及有关方面意见后,报本级人民政府常务会议审议。

（2）专项应急预案经本级人民政府应急管理办事机构审核，征求相关部门和有关方面意见并组织评审后，报本级人民政府批准。

（3）部门应急预案经征求其他相关部门和单位及有关方面意见后，由预案制定单位审议；涉及跨区域、跨部门的，应报本级人民政府应急管理办事机构审核。

（4）企业和重大活动应急预案由有关行政部门或行业主管部门审核。

12.2.7　应急预案的发布

应急预案经审议通过或批准后，应印发至相关部门和单位。应急预案制定单位应当向社会公布应急预案，涉及国家秘密或者商业秘密的，应当按照保密要求公布应急预案简本。根据法律、法规或者其他有关规定不予公布的除外。

12.2.8　应急预案的备案

应急预案应当自发布之日起30日内进行备案。

（1）各城镇人民政府的总体预案应当报上一级人民政府备案，专项预案报市人民政府主管部门备案。

（2）城镇有关部门和单位制定的部门预案，应当报本级人民政府和上一级人民政府主管部门备案。

（3）乡镇和街道应急预案应当报县级应急管理办事机构和行政主管部门备案。村（社区）应急预案应当报镇（街道）政府备案。

（4）企事业单位应急预案和重大活动应急预案应当报有关行政或行业主管部门备案。

12.2.9　应急预案的评估

应至少每两年对应急预案内容的针对性、实用性和可操作性进行一次评估，有条件的地区可每年进行一次。若国内或本地区有类似事件发生，应根据突发事件应对的经验和教训，对应急预案重新评估。

12.2.10　应急预案的修订

若有下列情形之一的，应由应急预案编制责任主体牵头，联合相关职能部门，按照标准程序及时组织修订应急预案；若无下列情形的，可不启动修订流程，由应急预案编制责任主体修改后通告相关职能部门：

（1）有关法律、行政法规、规章、标准、上位预案中的有关规定发生变化的。

（2）应急指挥机构及其职责发生重大调整的。

（3）面临的风险发生重大变化的。

（4）重要应急资源发生重大变化的。

（5）预案中的其他重要信息发生变化的。

（6）在突发事件实际应对和应急演练中发现问题需要作出重大调整的。

（7）其他地区发生类似突发事件证明预防预警措施、应急响应流程或应急处置措施存在问题或不足的。

（8）应急预案编制单位认为应当修订的其他情况。

12.2.11　应急预案的废止

经评估发现符合应急预案修订给出的情形之一，且无法通过修订进行调整的，应由应急预案编制责任主体牵头，会同相关职能部门共同提交应急预案废止申请，经批准后废止。当可替代或可覆盖的应急预案编制完成后方可废止原应急预案。

第五篇　我国城镇应对巨灾能力评估模型研究

第十三章　我国城镇应对巨灾能力评估框架

13.1　城镇应对巨灾能力的科学内涵

20 世纪中期以来，伴随着城市化进程的不断加快，城镇遭受灾害的损失越来越严重，因此，城市应对巨灾能力便成为众多国家抵御灾害的重中之重。城镇应对巨灾能力是城市应对和处理突发事件的能力，体现在城市资源配置与城市机构的执行力上。

应急能力是政府为实现减轻自然灾害影响的目标而采取措施的能力，在此基础上，国内学者对该定义进一步深化。王绍玉(2003)认为，政府管理能力是指政府在人力、科技、组织、机构和资源等方面防灾减灾能力的培养与增强。乔治·哈多和简·布洛克认为，应急管理(或灾害管理)能力是关于处理和避免风险的科学，包括灾害发生前的准备、灾害反应，以及自然或人为灾害发生后的支持和社会重建能力。祁明亮等认为，应急管理能力是指在突发公共事件爆发前、爆发后、消亡后的整个时期内，用科学的方法对其加以干预和控制，使其造成的损失最小。计雷等认为，应急管理能力是在突发事件的过程中，为了降低突发事件的危害，达到优化决策的目的，基于对突发事件的原因、过程及后果进行分析，有效集成社会各方面的相关资源，对突发事件进行有效预警、控制和处理等。

政府在应对灾害时，以人民利益为宗旨，以法律制度为依据，能够高效有序地开展应急行动，通过对组织体系、应急预案、灾情速报、指挥技术、资源保障、社会动员等方面的综合运用，力求在较短时间内使城镇灾害所造成的人员伤亡和财产损失，以及对社会所造成的负面影响降到最低。本书认为，城镇应对巨灾能力是指地方政府及其协同部门在自然灾害和事故灾难事件的整个生命周期中，在监测预警、准备减缓、应急反应、恢复重建等方面所表现出来的应对和处置行为。对于如何评价城镇应对巨灾能力，国内外机构及学者从不同的角度对应急能力的定义进行了研究，具有代表性的概念如表 13-1 所列。

表 13-1　应急能力的概念

时间	研究领域	应急能力的定义
2006	公共卫生	突发公共卫生事件政府应急能力是指政府在应对突发公共卫生事件时，通过对人力、资源、科技和机构等的综合运用，使人员伤亡和财产损失最小，保证社会稳定运行的一种综合应急处理能力
2007	公共卫生	医院应急医学救援能力是指为把人员伤亡降到最低，在组织管理、救援技术、快速反应、救援保障、野外生存等方面工作的综合体现
2008	事故灾难	应急管理能力是为了提高预防和处置突发安全生产事件能力，在组织体制、应急指挥、应急预案、资源保障等方面准备工作的综合体现

续表 13-1

时间	研究领域	应急能力的定义
2009	事故灾难	事故应急管理能力是包括自然和社会要素、硬件和软件条件、人力和体制资源、工程和组织能力等多维度的概念
2009	社会安全	社会公众的应急能力是指社会公众通过有计划、有目的的学习和培训所形成的一种应对突发事件的个体心理特征
2010	社会安全	行政应急能力指政府监测、预防、缓解和处置突发公共事件，避免、减少生命财产损失，维护和恢复社会经济秩序的全过程
2011	自然灾害	县(市)绝对地震应急能力是以减少人员伤亡和经济损失为目的，在地震发生前后在硬件和软件方面实际具备的水平
2012	自然灾害	社会公众借助自我学习、培训和教育活动等途径，具备的有效应对突发事件的能力

13.2 城镇应对巨灾能力的构成维度

城镇灾害就是承灾体为城镇的灾害。城镇灾害内容甚广，包括自然灾害、人为灾害以及自然和人为混合灾害，如水灾、火灾、地震、台风、化学品泄漏、爆炸等。城镇应急能力评估是城镇对突发事件的控制力的一种宏观描述过程，需要应用系统理论建立灾害发生后的全周期综合管理能力评价体系。面对自然灾害、生产事故等突发事件，城镇应急能力评价需要完成的关键工作，包括在城镇建设过程中对于突发事件的准备工作以及城镇工程建设投入的合理性、居民可获灾害信息的能力、所处环境抗灾能力、政府机构可提供救援能力、区域城镇建设恢复能力等多方面对城镇应急能力进行综合评价的实现。

城市应对巨灾能力受到各种外部环境，如气象环境、法制环境、社会环境、经济环境等多种环境综合影响，需要从城市开展应急管理各个环节的能力进行综合考虑。当前研究中得到较大程度认同的观点有四分法，其从灾害发生、发展、持续、减弱的过程综合考虑，更加清晰、有效地理清各个环节，完成应急管理工作。这里根据地震灾害的生命周期，就应急管理的具体内容，从监测预警、准备减缓、应急反应和恢复重建四个方面来分析城镇应对巨灾能力，如图 13-2 所示。

目标层从监测预警能力、准备减缓能力、应急反应能力和恢复重建能力四个评价准则出发，综合表达城市防震减灾的总体能力。措施层是根据灾害生命周期，采取四项应对灾害的措施，即监测预警、准备减缓、应急反应、恢复重建。指标层是采用可测的、可比的、可以获得的指标或指标群，对变量层的数量表现、强度表现等给予直接的度量，构成指标体系的最基层要素。

(1) 灾害监测预警能力

研究发现，在应急过程中，通信、信息体系是一个完整的系统，有其自身的体制和机制建设问题、管理和运行问题、规划和设计问题，不能单纯把应急通信、信息体系建设归结为硬件设备的采购与建设。城镇各方面信息的数字化平台构建，为城镇灾害预测提供了便利条件，作为城镇应急管理决策支持系统构建的数据库背景，能够更加切实、准确地进行决策制定。

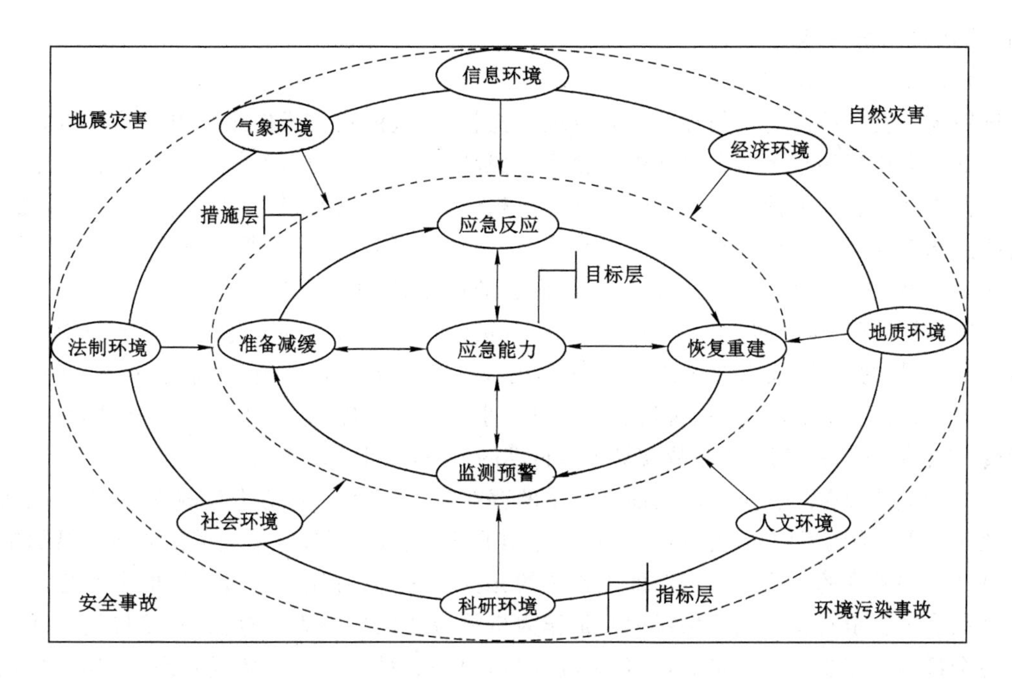

图 13-2　应急能力维度构成

目前,对于各种突发事件的发生,只能通过灾害孕育环境、灾害诱发因素、灾害发生前兆等大量信息的整理,完成城镇灾害的预测。这些信息由不同的政府部门进行收集整理,要想有效地利用这些信息进行灾害监测和预测,是一件不容易的事情。故而对于灾害监测预测能力的评价指标体系,选择的点应该在于城镇灾害相关信息收集能力、信息处理能力以及信息传递能力,完成灾害监测以通过有效的信息审查之后快速生成灾害应急工作通知,从而使应急灾害预测能力处于极佳状态。

(2) 灾害准备减缓能力

灾害准备减缓能力是指灾害发生前根据监测信息做好充分准备,有效应对可能发生的灾害事故的能力。城镇的灾害监测预警能力直接影响城镇的灾害准备减缓能力。如果城镇灾害监测不到位,设施不够先进,工作人员没有足够的专业技能与经验,那么在灾害准备减缓阶段,城镇就不能够提供充分的人力、物力等资源,势必影响应急反应阶段的工作。在灾害准备减缓阶段,根据监测预警得到的信息进行有效部署,可以减少灾害损失。

科学的城镇规划对灾害的蔓延能起到一定的控制作用。从 20 世纪 70 年代开始,城镇环境保护与生态环境得到广泛关注。在城镇防灾空间规划中,应以城镇环境要素作为出发点,推动灾害应急预防工作的进行。除了天然河湖水系、森林山峦等自然保护区形成的自然防灾空间以外,城镇中大部分防灾空间建设应以半人工环境或者人工环境为主,建设生态型防灾空间。此种方法同样适用于城镇灾害应急。在灾害发生时,城镇房屋能够带给人们一定的保护和抗灾救灾能力,而周边环境如绿化植被等也会对灾害的蔓延起到一定的控制作用。如发生地震时,若房屋具有一定的抗震能力,那么造成的损失将大大降低。发生生产事故如爆炸时,周围的树木和湖泊会构成一个防灾空间,减缓毒气等的扩散。因此,灾害准备减缓能力指标体系的构建重点在于生命线工程的抗灾能力、自然环境的抗灾能力等。

(3) 灾害应急反应能力

城镇灾害发生后需要立刻对灾区人员进行抢救,高效的灾害反应工作可以将灾区损失降到最低。需要抓住救援黄金时期进行救援,此阶段需要多方力量的结合并且具备科学有效的营救策略才能保证营救工作的顺利进行。相应的应急救援系统主要由应急指挥中心、现场应急指挥部、支持保障中心、媒体中心等组成。各个部门在应急救援过程中相互影响、相互作用,对灾害应急反应能力的评估具体讲也是对各部门的评估。

事故现场指挥中心是事故指挥部及其工作人员的工作区域,也是应急战术策略的制定中心,通过对事故的评价、战术设计、应急资源调用,确保应急对策的实施,保持与应急指挥中心管理者的实时联系来完成事故的现场救援行动。事故现场指挥中心的地位和作用非常重要,其运转有效性直接关系到整个事故现场救援行动的成败,因此必须重视它的建设和完善。

在整个应急救援过程中有应急前方力量的存在,也就必然有后方力量的支持,以提供前方应急所需要的物质和人力资源,保证救援行动的顺利进行,所以建立完善的救援支持保障机构是充分和必要的。这样不仅保证了资源的充分利用,同时通过众多部门的参与也提高了整个社会的安全意识。支持保障中心是作为事故应急的后方力量存在的,该机构的成员来自各个部门并接受过专业培训,一旦事故发生,中心成员立即进入备战状态,等候事故现场指挥中心的调遣,以赶赴事故现场进行救援。

随着科技的进步和发展,各种通信工具相继问世,媒体的宣传、报道使得人们要求增加各种事件透明度的呼声越来越高。因此,当事故发生后没有专门的机构来处理与媒体的关系,则可能导致媒体报道失真,破坏应急救援行动在公众中的形象,甚至引起公众恐慌。为了避免上述情形的出现,成立媒体中心并由其负责与媒体的接触是十分必要的。媒体中心成员来自技术支持人员中的公共关系管理人员,必须是接受过专业培训的公关人员,有足够的知识和能力来负责回答媒体的疑问,以及提供最新的工作进展情况。

(4) 灾害恢复重建能力

灾害恢复重建能力涉及方面较多,对城镇的经济发展水平、经济结构、政府业务能力水平、生产力保有量等都会有所影响。根据突发事件的性质,恢复重建工作所涵盖的内容可能包括生命线工程、基础设施及其配套服务设施、居民活动区和商业区等工程的重建等。城镇的合理地块开发模式包括居民区、商业区、市政服务区、娱乐休闲区等区位,其间通过城镇等级公路和等外公路连接,构成一个系统化的城镇结构。灾后的城镇恢复重建工作有时需要将整个城镇系统进行适当的拆除、维修和重新搭建,影响整个过程的因素也颇为复杂。灾害后,损伤越大,恢复难度越高。面对城镇建设进程的加快,提升城镇建设质量也迫在眉睫,高水平数字化城镇的建设将有助于提升城镇居民生命财产安全,节省城镇出现灾害和破坏时的开支。

13.3 城镇应对巨灾能力的评估方法

网络层次分析法是美国萨蒂教授提出的一种非独立的递阶层次结构的决策方法。该方法充分考虑了指标间的依赖性和反馈性,适用于内部存在依存和反馈关系的复杂系统,目前已在诸多评价和决策问题研究领域应用。

网络层次分析法首先将系统元素划分为两大部分:第一部分称为控制元素层,包括问题目标及决策准则。所有的决策准则均被认为是彼此独立的,且只受目标支配。控制元素中可以没有决策准则,但至少有一个目标。控制层中每个准则的权重均可用传统层次分析法获得。第二部分为网络层,由所有受控制层支配的元素组成,元素之间互相依存、互相支配,元素和层次间内部不独立,递阶层次结构中的每个准则支配的不是一个简单的内部独立的元素,而是一个互相依存、反馈的网络结构。控制层和网络层组成典型网络层次分析法结构,如图 13-3 所示。

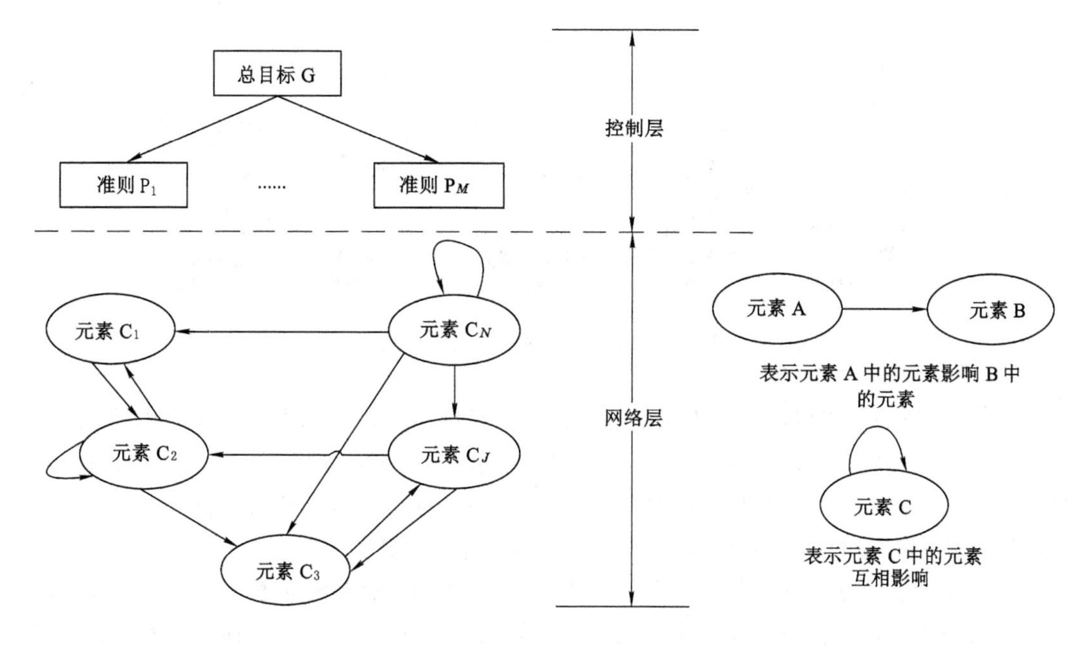

图 13-3　典型的网络层次分析法结构

图 13-4 列举了网络层次分析法的几种特殊结构。图 13-4(a)是内部独立的递阶层次结构,它是仅有外部递阶层次支配关系而不存在层次内部依存关系的一种最简单的系统结构形式。这种结构形式决定了它的功能依存性可以表现为单一准则下的排序和递阶层次中的合成排序。如果在递阶层次结构中考虑内部依存性,这种系统结构为具有内部依存性的递阶层次结构,如图 13-4(b)所示。此时同一层次内的准则或方案存在着相互制约、相互影响的关系。这使得单一准则下的排序不仅要考虑被其支配的方案,还应考虑本层次准则(或方案)之间的关系,因而原有的单准则下的排序必须修正,合成排序也应作相应改变。在实际决策问题中,有时最低层不仅受较高层支配,同时反过来它又对最高层起支配作用。此时层次之间的支配关系形成循环回路,这种结构称为循环层次结构如图 13-4(d)、(e)所示。如果一个复杂系统可分解为若干层次或元素组,某些层次之间既可能存在递阶支配关系,又可能存在循环支配关系,同时也允许存在层次内部的依存性,这类结构就是带有反馈递阶层次结构,如图 13-4(c)所示。显然递阶层次结构和循环层次结构都可视为反馈层次结构的特殊情形,因此反馈系统的排序对于复杂系统的决策具有重要意义。某些反馈层次结构在更高的聚合水平上可归结为递阶层次结构。更复杂的反馈系统各元素(或元素组)之间互相支配、互相影响,此时已很难划分层次,或者说每个层次只有一个元素,也很难划分层次的高低,此

时系统结构实际上是一个网络结构。这种结构在引入最高目标后往往能转化为内部依存的递阶层次结构。

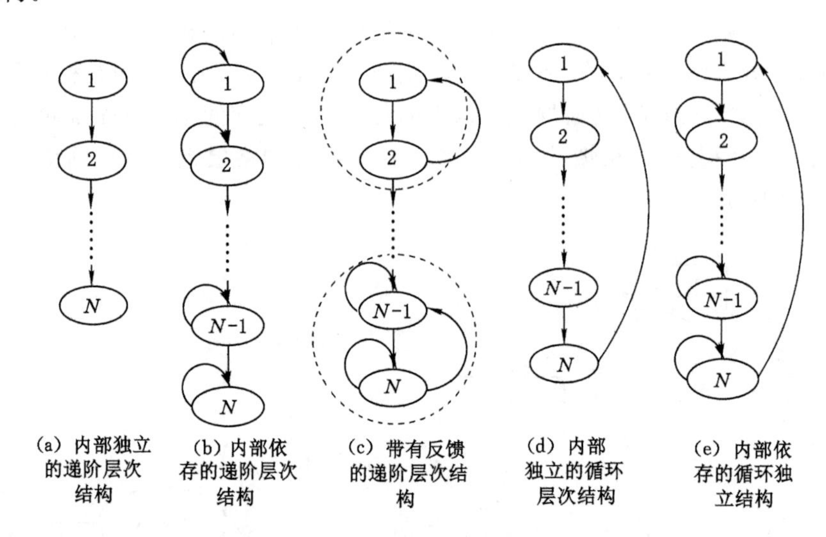

图 13-4 网络层几种特殊结构示意图

然后，传统的网络层次分析方法试图通过多个维度对复杂问题予以系统分解，但在系统还原时却割裂了这些维度之间的内在联系。因此，我们在城镇应对巨灾能力评估指标体系结构解析的基础上，采用改进的网络层次分析方法对企业应急管理能力进行评估，并运用超级决策软件(Super Decisions)进行相关运算。具体方法步骤如下：

(1) 层次分析方法的一个重要步骤就是在一个准则下，受支配元素进行两两比较，由此获得判断矩阵。但在网络层次分析方法中被比较元素之间不是独立的，而是相互依存的，因而这种比较将以两种方式进行：① 直接优势度。给定一个准则，两元素对于该准则的重要程度进行比较。② 间接优势度。给出一个准则，两个元素在准则下对第三个元素(称为次准则)的影响程度进行比较。例如，要比较甲、乙两成员对商品营销能力的优势度，可通过他们对董事长所采取的营销策略的影响力比较而间接获得。第一种方式比较适用于元素间互相独立的情形，也是传统层次分析方法的判断比较方式；第二种方式比较适用于元素间互相依存的情形，这也正是网络层次分析方法与层次分析方法的区别所在。

(2) 构建无权重超级矩阵。按照网络层次分析方法的规则，首先邀请企业应急管理领域的专家学者，共同以某一级指标为判断基准，对其下的二级指标之间的相对重要度进行判别，构建判断矩阵；然后，再以二级指标为判断标准，对其下的三级指标之间的相对重要度进行两两比较，随后进行一致性检验，并得到归一化特征向量，汇总得到无权重超级矩阵 $\boldsymbol{W}_S$。

$$\boldsymbol{W}_S = \begin{bmatrix} W_{11} & W_{12} & \cdots & W_{1n} \\ W_{21} & W_{22} & \cdots & W_{2n} \\ \vdots & \vdots & \ddots & \vdots \\ W_{n1} & W_{n2} & \cdots & W_{nn} \end{bmatrix} \tag{13-1}$$

式中，$\boldsymbol{W}_S$ 表示某二级指标下的三级指标的权重分块矩阵。

(3) 构建权重超级矩阵。以一级指标为判断标准，将二级指标进行成对比较，构造判断矩阵，并进行归一化处理，得到归一化特征向量，得到反映指标关系的权重矩阵 $\boldsymbol{A}_{\mathrm{S}}$。最后，将得到的权重矩阵 $\boldsymbol{A}_{\mathrm{S}}$ 乘以上面得到的无权重矩阵 $\boldsymbol{W}_{\mathrm{S}}$ 得到权重超级矩阵 $\boldsymbol{W}_{\mathrm{S}}^{W}$：

$$\boldsymbol{A}_{\mathrm{S}}=\begin{bmatrix}\lambda_{11} & \lambda_{12} & \cdots & \lambda_{1n}\\ \lambda_{21} & \lambda_{22} & \cdots & \lambda_{2n}\\ \vdots & \vdots & \ddots & \vdots\\ \lambda_{n1} & \lambda_{n2} & \cdots & \lambda_{nn}\end{bmatrix} \tag{13-2}$$

$$\boldsymbol{W}_{\mathrm{S}}^{W}=\boldsymbol{W}_{\mathrm{S}}\boldsymbol{A}_{\mathrm{S}}=\begin{bmatrix}W_{11}\lambda_{11} & W_{12}\lambda_{12} & \cdots & W_{1n}\lambda_{1n}\\ W_{21}\lambda_{21} & W_{22}\lambda_{22} & \cdots & W_{2n}\lambda_{2n}\\ \vdots & \vdots & \ddots & \vdots\\ W_{n1}\lambda_{n1} & W_{n2}\lambda_{n2} & \cdots & W_{nn}\lambda_{nn}\end{bmatrix} \tag{13-3}$$

式中，λ_{nn} 表示二级指标的权重。

(4) 求解极限超级矩阵。将以上得到的权重超级矩阵进行稳定处理，即计算 $\boldsymbol{W}_{\mathrm{S}}^{L}=\lim\limits_{k\to\infty}(\boldsymbol{W}_{\mathrm{S}}^{W})^{k}$ 极限相对排序向量 $\boldsymbol{W}_{\mathrm{S}}^{L}$。

(5) 计算指标最终权重。将问卷调查结果全部录入超级决策软件后，通过对其数据结果进行加权平均得到了应急管理评估指标的最终权重。

第十四章　我国城镇应对巨灾能力评估指标体系

14.1　自然灾害应急能力评估指标体系

14.1.1　自然灾害演化机理分析

贝塔朗菲将系统定义为“相互作用的元素的复合体”，指出了系统多元性、相关性和整体性的特征。地震灾害系统也是由多样化、相关联、相互制约的组元集成的具有一定结构和特征的有机整体。分析影响自然灾害演化的主要因素，是辨识风险因子和构建城镇应对自然灾害的能力评估指标的重要基础。

自然灾害孕育、发生、发展的过程十分复杂，不同地理构造环境、不同时段、不同天气状况的自然灾害都显示出相当复杂且显著不同的演化过程。客观上，自然灾害发生的时间、空间、强度以及可能诱发的次生灾害等存在很大的不确定性。自然灾害系统与其他自然灾害子系统之间不断进行着各种形式的交换，而且与人类社会的经济活动、生活环境之间也存在物质、能量与信息的交换，正是这种运动引起自然灾害系统的结构和功能发生变化。通过大量的典型案例分析可以发现，自然灾害系统是由孕灾环境子系统、致灾因子子系统和承灾体子系统，以及各系统之间依据一定的时空运行规律相互作用形成的自然灾情子系统，在系统内外部动力共同推动下演化而来的。

孕灾环境子系统是指由大气圈、水圈、岩石圈等所构成的地球表层系统，包括自然环境与人文环境。作为自然灾害系统的自然主体要素，孕灾环境时时刻刻都在进行着物质和能量的转化，受制于该子系统内多要素复杂的作用关系，其表征指标也在不断变化。以气象要素为例，当气温、降水、风速等超出某一阈值便产生了自然灾变，随之可能造成人员伤亡、财产损失、生态环境退化、社会经济损失等，这种自然灾变即为自然灾害系统当中的致灾因子。另外，近百年来，伴随着科学技术的迅猛发展，人类活动强烈地改变了下垫面的性质以及大气成分，从而导致孕灾环境的深刻变化，形成致灾因子。因此，致灾因子的运行表现为地球表层系统的突发变异性运动以及人类某些可能改变环境的生产活动，进而通过诱发自然灾害对孕灾环境和承灾体进行改造。

承灾体子系统是自然灾害系统的社会经济主体要素，是指人类及其活动所组成的社会经济系统，包括人类及其日常生活活动、人类劳动创造的物质财富、各种社会经济活动、资源与环境。以上要素在一定地域单元上构成的具有一定尺度和组织形式的综合体与孕灾环境一起共同构成了自然灾害系统的主体要素，分别从社会经济和自然两个层面反映自然灾害系统的特征。人类在生产活动中会对生存的自然环境进行改造，从而改变孕灾环境并可能产生新的致灾因子。承灾体受致灾因子的破坏后会产生一定程度的损失，其值的大小即为灾情，之所以会有损失，根本原因在于承灾体所具备的价值性。这种价值性既包括承灾体在经济学意义上的价值和使用价值，又包括在人类社会经济生活中体现出来的或担负着的作用与功能，还包括对资源环境的意义与影响等多个层面。离开了承灾体的价值属性，就没有自然灾害这一概念，灾害的风险则更无从谈起。

灾情系统是孕灾环境、致灾因子和承灾体在自身运行和相互作用过程中产生的突发破坏性表现形式，是系统涌现的结果。灾情由直接灾害、次生灾害和诱发灾害构成。其中，直接灾害可能引发各种次生灾害，而直接和次生灾害综合起来会引发持续时间更长、影响更深远、恢复更困难的诱发灾害。一次破坏性自然灾害发生以后，必然会改变灾区地质地貌，导致山崩滑坡、河流改变，也会影响灾区人民的生活地域和生产方式，反过来改变孕灾环境、致灾因子和承灾体。图 14-1 描述了自然灾害系统内各子系统的相互作用关系。

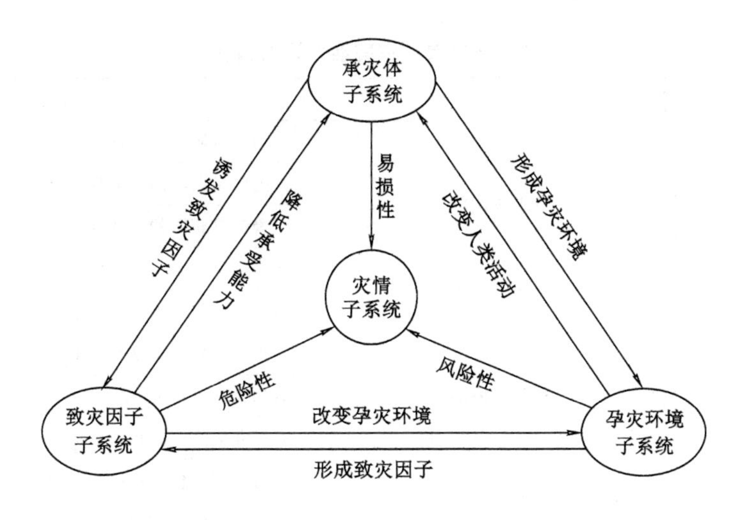

图 14-1　自然灾害演化机理图

14.1.2　自然灾害应急能力评估指标体系构建

自然灾害系统由孕灾环境、致灾因子、承灾体和自然灾情共同构成。由自然灾害系统的特征分析可知，这些系统构成元素和影响因素涉及自然、科技、工程、社会、经济、行政等各个领域，且相互影响、相互关联。自然灾害应急能力评估指标体系的构建，需从灾害监测预警能力、灾害准备减缓能力、灾害应急反应能力和灾害恢复重建能力入手，设计评估指标。

灾害监测预警环节反映了一个地区应急管理组织依凭灾害监测设施建设经济投入，提早把自然灾害的发生通告给灾区人员以争取时间降低灾害损失的能力。事实证明，灾害预测提前的每一秒都能为灾区人民争取极大抗灾空间和缓冲，其中灾害监测组织和灾害信息播报组织发挥了重要的作用。灾害准备减缓能力是指灾害发生后马上作出的任何可能消减灾害影响反应的能力，包括建筑物的抗灾能力、应急预案编制以及防灾减灾演习投入等。灾害应急反应能力则是在自然灾害发生后任何可以避免灾害对人们生命和财产安全构成损伤的能力，包括应急管理系统的运作状态以及应急预案的有效性，联动救援机制效率、医疗救助承载力、政府应急反应能力、生命线工程恢复能力、交通承载力恢复能力等。灾害恢复重建阶段则是通过必要的重建工作，恢复正常的社会运转能力和人民生活水平，此阶段考验的是一个地区经济发展的灵活性、保险制度的全面性以及环境面对发展的承载能力等，还反映灾害预测能力以及应急预案进行灾后系统性规划的能力，通过重建降低再次发生灾害时带来的损失。由于城镇自然灾害涉及的指标纷繁复杂，指标间涵盖非线性特点，各个部分都包含各类指标，故而将对所有可量化、能够对城镇自然灾害应急管理能力产生影响的指标进行收集整理，对部分无法量化但是能够从侧面反映应急管理能力的指标进行转换，最终采用网络层次分析法构建评价模型。

综合考虑突发事件应急管理的全生命周期阶段，充分借鉴《突发事件应对法》等相关法规和已有研究成果，从监测预警、准备减缓、应急反应、恢复重建四个方面构建城镇应对自然灾害能力评估指标体系（表 14-1）。

表 14-1　　城镇应对自然灾害能力评估指标

一级指标	二级指标	三级指标
自然灾害监测预警能力	组织协调能力	监测人员职责明确性 b101
		监测信息共享的充分性 b102
		预警信息获取的有效性 b103
		预警信息传递的及时性 b104
	资源保障能力	通信平台和设施的投建水平 b105
		灾害的识别与初期评估 b106
		监测技术水平 b107
		灾情获取系统的覆盖率 b108
		灾情快速预估系统能力 b109
	环境支撑能力	灾情上报流程有效性 b110
		应急规章制度的完善性 b111
		报警程序的有效性 b112
		广播媒介水平 b113
		通信工具普及程度 b114
		台网密度 b115
自然灾害准备减缓能力	组织协调能力	居委会分布密度 b201
		公众宣传和讲解 b202
		应急预案演习水平 b203
		自救知识教育水平 b204
	物资保障能力	政府应急资金投入额度 b205
		应急装备科技投入水平 b206
		应急组织机构人员构成科学性 b207
	环境支撑能力	相应应急预案的覆盖率 b208
		城镇居民小区容积率 b209
		居民点布局 b210

续表 14-1

一级指标	二级指标	三级指标
自然灾害应急反应能力	组织协调能力	应急管理专业组织能力 b301
		消防营救能力 b302
		二次灾难监测信息有效性 b303
		指挥部门与其他部门协调程度 b304
		医疗保障能力 b305
		卫生保障能力 b306
		交通运输能力 b307
		生命线工程的恢复能力 b308
	资源保障能力	救灾装备储备能力 b309
		救援物资调拨速度 b310
		救援物资补充速度 b311
		应急资金及时性 b313
		应急救援基础数据库的全面性 b313
		现场搜救装备有效性 b314
		现场搜救防护装备安全性 b315
		现场搜救人员专业水平 b316
	环境支撑能力	应急指挥机构的覆盖率 b317
		事中广播媒介水平 b318
		事故发展趋势分析的有效性 b319
		避难场所有效性 b320
自然灾害恢复重建能力	组织协调能力	既定应急制度的完善性 b401
		资源整合能力 b402
		政府投入机制的长效性 b403
	物资保障能力	资金储蓄水平 b404
		经济多样性 b405
		社会保险与救助 b406
		重建资金和后勤保障 b407
		心理救助项目 b408
		政府财政社会保障支出 b409
	环境支撑能力	避难场所心理治疗效果 b410
		就业水平 b411

14.1.3　自然灾害应急能力评估指标赋权

根据自然灾害应急能力评估指标和调查问卷所得到的数据，得到自然灾害应急能力评估指标赋权（表 14-2）。

表 14-2　　自然灾害应急能力评估指标赋权

一级指标	二级指标	权重	三级指标	权重
自然灾害监测预警能力	组织协调能力	0.344 5	监测人员职责明确性 b101	0.036 1
			监测信息共享的充分性 b102	0.113 6
			预警信息获取的有效性 b103	0.130 7
			预警信息传递的及时性 b104	0.064 1
	资源保障能力	0.298 2	通信平台和设施的投建水平 b105	0.098 9
			灾害的识别与初期评估 b106	0.047 5
			监测技术水平 b107	0.068 9
			灾情获取系统的覆盖率 b108	0.042 3
			灾情快速预估系统能力 b109	0.040 6
	环境支撑能力	0.357 2	灾情上报流程有效性 b110	0.024 3
			应急规章制度的完善性 b111	0.044 1
			报警程序的有效性 b112	0.103 5
			广播媒介水平 b113	0.066 9
			通信工具普及程度 b114	0.068 2
			台网密度 b115	0.050 2
自然灾害准备减缓能力	组织协调能力	0.416	居委会分布密度 b201	0.012 1
			公众宣传和讲解 b202	0.064 3
			应急预案演习水平 b203	0.206 8
			自救知识教育水平 b204	0.132 8
	物资保障能力	0.171 6	政府应急资金投入额度 b205	0.021 2
			应急装备科技投入水平 b206	0.007 1
			应急组织机构人员构成科学性 b207	0.143 3
	环境支撑能力	0.412 3	相应应急预案的覆盖率 b208	0.211 7
			城镇居民小区容积率 b209	0.045 4
			居民点布局 b210	0.155 2
自然灾害应急反应能力	组织协调能力	0.366 4	应急管理专业组织能力 b301	0.059 1
			消防营救能力 b302	0.043 4
			二次灾难监测信息有效性 b303	0.020 9
			指挥部门与其他部门协调程度 b304	0.116 1
			医疗保障能力 b305	0.020 3
			卫生保障能力 b306	0.065 1
			交通运输能力 b307	0.021 8
			生命线工程的恢复能力 b308	0.019 7

续表 14-2

一级指标	二级指标	权重	三级指标	权重
自然灾害应急反应能力	资源保障能力	0.297 9	救灾装备储备能力 b309	0.049 6
			救援物资调拨速度 b310	0.062 5
			救援物资补充速度 b311	0.032 6
			应急资金及时性 b313	0.046 1
			应急救援基础数据库的全面性 b313	0.062 1
			现场搜救装备有效性 b314	0.011 8
			现场搜救防护装备安全性 b315	0.007 3
			现场搜救人员专业水平 b316	0.025 9
	环境支撑能力	0.335 72	应急指挥机构的覆盖率 b317	0.006 8
			事中广播媒介水平 b318	0.032 12
			事故发展趋势分析的有效性 b319	0.137 5
			避难场所有效性 b320	0.159 3
自然灾害恢复重建能力	组织协调能力	0.274 4	既定应急制度的完善性 b401	0.030 3
			资源整合能力 b402	0.121 3
			政府投入机制的长效性 b403	0.122 8
	物资保障能力	0.393 3	资金储蓄水平 b404	0.002 8
			经济多样性 b405	0.027 7
			社会保险与救助 b406	0.066
			重建资金和后勤保障 b407	0.145 2
			心理救助项目 b408	0.073 8
			政府财政社会保障支出 b409	0.077 8
	环境支撑能力	0.332 3	避难场所心理治疗效果 b410	0.114 3
			就业水平 b411	0.218

注：计算结果的四舍五入导致部分二级指标权重之和不等于 1；表 14-4、表 14-6、表 14-8 同。

14.2　地震灾害应急能力评估指标体系

14.2.1　地震灾害演化机理分析

地震作为一种复杂的自然灾害现象，具有很强的系统性。地震灾害系统是由多样化、相关联、相互制约的组元集成的具有一定结构和特征的有机整体。分析影响地震灾害演化的主要因素，是辨识风险因子和构建城镇应对地震灾害的能力评估指标的重要基础。

地震孕育、发生、发展的过程十分复杂，不同地理构造环境、不同时段、不同震级的地震都显示出相当复杂且显著不同的演化过程。客观上，地震发生的时间、空间、强度以及余震走向，可能诱发的次生灾害等存在很大的不确定性。地震灾害系统与其他自然灾害子系统之间不断进行着各种形式的交换，而且与人类社会的经济活动、生活环境之间也存在物质、能量与信息的交换，正是这种运动引起地震灾害系统的结构和功能发生变化。通过大量的典型案例分析发现，地震灾害系统是由孕灾环境子系统、致灾因子子系统和承灾体子系统，以及各系统之间依据一定的时空运行规律相互作用形成的地震灾情子系统，在系统内外部动力共同推动下演化而来的。

构成地震灾害系统的四个子系统，每一个子系统又包括其各自的子系统。其中，孕灾环境子系统既包括人类活动的领域，也包括人类活动没有涉及的领域。致灾因子子系统既涉及水圈、生物圈、地壳表层、地幔以及地核等地球自然物质的运动变异，又与人类社会经济活动系统密切相关。承灾体子系统包括人类子系统、建筑子系统等。地震灾情子系统则包括经济损失子系统、人员损失子系统等，这些子系统还可以继续分解，形成庞大的层次结构。

孕灾环境的运行表现为地球圈层运动以及人类社会经济活动。地震一般指地壳的快速震动，地震的发生是地球本身在不断变化的表现，是震源所在处的物质发生形体改变和位置移动的结果。地球圈的运动是孕灾环境运行的直接推动力。人类社会的经济活动是孕灾环境运行的间接推动力，一些建筑工程、水利工程等的实施会在一定程度上影响当地的地理环境，形成孕灾环境。致灾因子的运行表现为地球圈层的突发变异性运动以及人类某些可能改变环境的生产活动，通过诱发地震也能对孕灾环境和承灾体进行改造。承灾体特指一定孕灾环境下人类生产生活所辐射的领域，其运行表现为人类社会经济活动，人类在生产活动中会对生存的自然环境进行改造，从而改造孕灾环境并可能产生新的致灾因子。如地震灾情是孕灾环境、致灾因子和承灾体在自身运行和相互作用过程中产生的突发破坏性表现形式之一。

地震是一条灾害链的起点，不仅地震本身将引起各种灾害，还将诱发各种次生灾害，如沙土液化、喷沙冒水、火灾、河流与水库决堤等。地震发生后，一方面，灾害沿着原灾害系统发生自然的演化；另一方面，地震直接灾害会引起各种次生和衍生灾害（火灾、水灾、毒气污染、细菌污染、放射性污染、滑坡、海啸、瘟疫、生命线工程破坏、社会恐慌和动乱等）的发生。这些灾害有可能相互耦合使得灾情恶化。一次破坏性地震发生以后，必然会改变灾区地质地貌，导致山崩滑坡、河流改变，影响灾区人民的生活地域和生产方式，反过来也会改变孕灾环境、致灾因子和承灾体。同时，灾害的演化过程中伴随着不同程度的抢险救灾行为，以最大限度地减少和控制灾害损失。在复杂性理论中，时间具有不可逆性。地震灾害的演化具有累进特征。随着时间的流逝，灾害系统总是不断地具有新的形态，绝不会机械地重复，父灾害事件和子灾害事件之间的联系并非唯一确定的，而是一种循环因果关系。灾害演化系统的时间演化行为特征主要表现为初值敏感性和奇异吸引性。初值敏感性或积累效应是复杂非线性系统的一个重要特点。初始时刻的很小变化都可能随着系统的演化而迅速被积累和放大，最终导致系统行为发生巨大的变化。在灾害演化系统中持续性影响的演化行为就具有累积性。一旦这种持续性影响的演化行为未得到有效控制，就可能随着系统的演化而迅速被积累和放大，最终导致整个巨灾系统行为发生巨大的变化。

本书根据系统动力学原理和系统确定的主要次生灾害事件，绘制了地震灾害演化因果回路图（见图 14-2）。

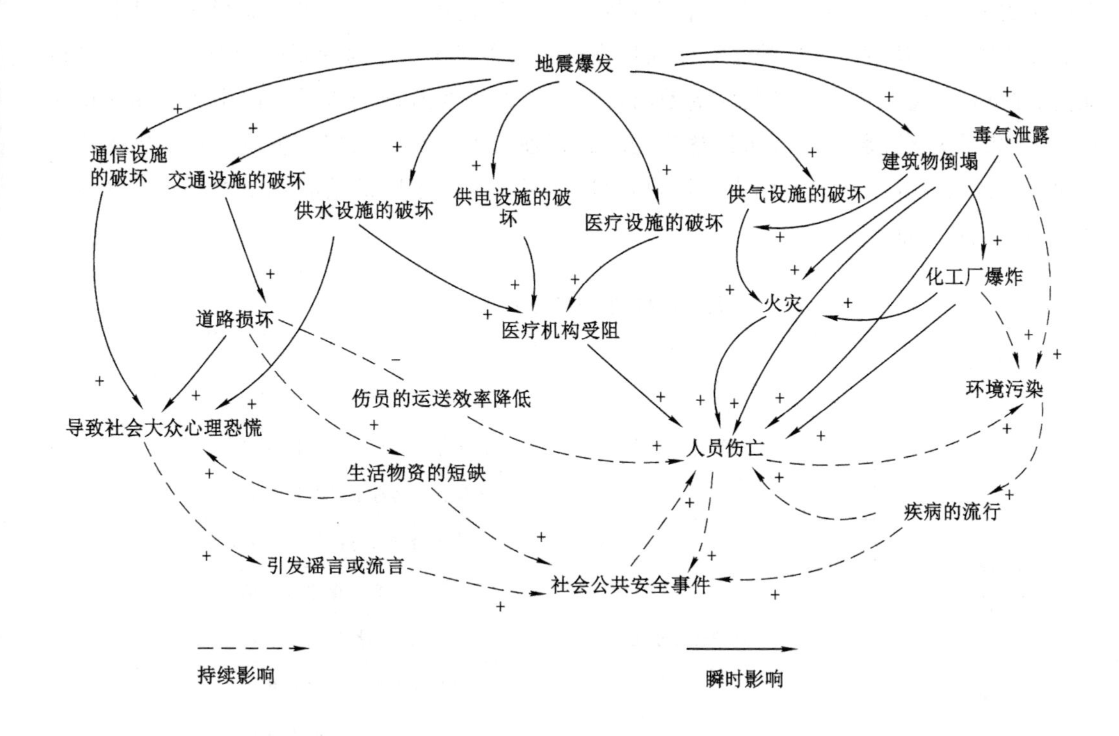

图 14-2　地震灾害演化因果回路图

对于衍生灾害而言，持续性影响的演化行为具有累积性。例如，疫情爆发导致人员伤亡这一持续性影响的演化行为，指在疫情未消除前，受疫情感染的人员伤亡数量将持续累加。相反的，如果是瞬时性影响的演化行为发生，那么初次发生后该演化行为无衍生灾害影响，即没有累积性。例如，火灾导致人员伤亡，在火灾发生后该演化行为的影响自动消失。

14.2.2　地震灾害应急能力评估指标体系构建

地震作为一种突发性极强、破坏性极大的自然灾害，其影响力、破坏力都是一般自然灾害无法比拟的。根据地震灾害机理分析可知，地震灾害具有自然灾害的演化特点，同时也具有自身特有的演化特点。地震灾害演化因果回路图(图 14-2)显示，地震的次生灾害广泛，破坏力极大，影响时间极长。所以城镇不仅要具有应对地震本身造成的破坏的能力，如建筑物的倒塌、交通设施的破坏，还要具有应对衍生灾害的能力，如毒气泄露、火灾的发生、疾病的流行等。根据城镇应对巨灾能力的构成维度分析，地震灾害应急能力指标体系应从监测预警、准备减缓、应急反应和恢复重建四个方面进行构建(见表 14-3)。

地震灾害监测预警能力受监测核心技术和网站的铺设、监测所得预报信息传输和处理的平台搭建、预报核心技术以及预测模型构造等工作的影响。地震灾害信息播报需要大量的信息播报平台以及信息获取终端建设，故而应该被纳入地震灾害预测管理能力评价指标体系中。地震灾害准备减缓能力受平时开展应灾准备工作各个指标的影响。地震来临，民众的承灾能力受到所在地安全性、自身自救知识和应急设备完备性等方面影响。地震灾害应急反应能力则从直观上反映了城镇居民在地震灾害发生后能够获得生命财产安全保证的能力。政府、应急组织全面解救时的及时性和有效性以及避难场所受到次生灾害影响的可抗性，反映了灾区在救援阶段可以达到的应急管理能力水平。地震灾害恢复重建能力则可以由地区经济发展水平等方面直观反映，而地区居民重建家园的信心也是地震灾害恢复重建能力的重要方面。

表 14-3　　城镇应对地震灾害能力评估指标

一级指标	二级指标	三级指标
地震灾害监测预警能力	组织协调能力	监测信息共享的充分性 b101
		预警信息获取的有效性 b102
		预警信息传递的及时性 b103
	资源保障能力	通信平台和设施的投建水平 b104
		地震预测中心的投建水平 b105
		地震监测中心投建水平 b106
		灾情获取系统的覆盖率 b107
		灾情快速预估系统能力 b108
	环境支撑能力	灾情上报流程有效性 b109
		应急规章制度的完善性 b110
		广播媒介水平 b111
		台网密度 b112
地震灾害准备减缓能力	组织协调能力	居委会分布密度 b201
		公众宣传和讲解 b202
		应急预案演习水平 b203
		自救知识教育水平 b204
	物资保障能力	政府应急资金投入额度 b205
		应急装备科技投入水平 b206
	环境支撑能力	地震应急预案的覆盖率 b207
		水、电、气基础设施的抗裂变能力 b208
		建筑物抗震能力 b209
		城镇居民小区容积率 b210
		防火缓冲植物带有效性 b211
		居民点布局合理性 b212

续表 14-3

一级指标	二级指标	三级指标
地震灾害应急反应能力	组织协调能力	应急管理专业组织能力 b301
		消防营救能力 b302
		二次灾难监测信息有效性 b303
		指挥部门与其他部门协调程度 b304
		救援装备水平 b305
		医疗保障能力 b306
		有实战经验人员比例 b307
		生命线工程的恢复能力 b308
		救灾装备储备能力 b309
	资源保障能力	救援物资调拨速度 b310
		应急资金及时性 b311
		应急救援基础数据库的全面性 b312
		现场搜救装备有效性 b313
		现场搜救防护装备安全性 b314
		现场搜救人员专业水平 b315
	环境支撑能力	应急指挥场所覆盖率 b316
		紧急水电供应设备储备量 b317
		避难场所消防水域设置合理性 b318
		防灾指挥所设置合理性 b319
		既定应急制度的完善性 b320
地震灾害恢复重建能力	组织协调能力	应急预案落实程度 b401
		可动员生产力量 b402
		事故责任的落实程度 b403
		灾害后的总结与分析 b404
		每平方千米卫生防疫人员数 b405
		资金储蓄水平 b406
	物资保障能力	经济多样性 b407
		重建资金和后勤保障 b408
		政府财政社会保障支出 b409
		避难场所心理治疗效果 b410
	环境支撑能力	就业水平 b411

14.2.3　地震灾害应急能力评估指标赋权

根据地震灾害应急能力评估指标和调查问卷所得到的数据，得到地震灾害应急能力评估指标赋权（表 14-4）。

表 14-4　　地震灾害能力评估指标赋权

一级指标	二级指标	权重	三级指标	权重
地震灾害监测预警能力	组织协调能力	0.330 1	监测信息共享的充分性 b101	0.047 3
			预警信息获取的有效性 b102	0.101 1
			预警信息传递的及时性 b103	0.181 7
	资源保障能力	0.396	通信平台和设施的投建水平 b104	0.128 8
			地震预测中心的投建水平 b105	0.044 6
			地震监测中心投建水平 b106	0.041 8
			灾情获取系统的覆盖率 b107	0.119 2
			灾情快速预估系统能力 b108	0.061 6
	环境支撑能力	0.272 9	灾情上报流程有效性 b109	0.079 9
			应急规章制度的完善性 b110	0.026 1
			广播媒介水平 b111	0.090 4
			台网密度 b112	0.076 5
地震灾害准备减缓能力	组织协调能力	0.344 9	居委会分布密度 b201	0.044 5
			公众宣传和讲解 b202	0.200 7
			应急预案演习水平 b203	0.011 8
			自救知识教育水平 b204	0.087 9
	物资保障能力	0.111 9	政府应急资金投人额度 b205	0.030 9
			应急装备科技投人水平 b206	0.081
	环境支撑能力	0.543 2	地震应急预案的覆盖率 b207	0.154 9
			水、电、气基础设施的抗裂变能力 b208	0.188 4
			建筑物抗震能力 b209	0.063 9
			城镇居民小区容积率 b210	0.004 2
			防火缓冲植物带有效性 b211	0.039 3
			居民点布局合理性 b212	0.092 5
地震灾害应急反应能力	组织协调能力	0.349 7	应急管理专业组织能力 b301	0.052 2
			消防营救能力 b302	0.066 3
			二次灾难监测信息有效性 b303	0.091 1
			指挥部门与其他部门协调程度 b304	0.087 7
			救援装备水平 b305	0.009 1
			医疗保障能力 b306	0.006 9
			有实战经验人员比例 b307	0.000 7
			生命线工程的恢复能力 b308	0.034 2
			救灾装备储备能力 b309	0.001 5

续表 14-4

一级指标	二级指标	权重	三级指标	权重
地震灾害应急反应能力	资源保障能力	0.322 4	救援物资调拨速度 b310	0.148 9
			应急资金及时性 b311	0.060 2
			应急救援基础数据库的全面性 b312	0.001 7
			现场搜救装备有效性 b313	0.040 3
			现场搜救防护装备安全性 b314	0.061 9
			现场搜救人员专业水平 b315	0.009 4
	环境支撑能力	0.327 2	应急指挥场所覆盖率 b316	0.001 9
			紧急水电供应设备储备量 b317	0.041 9
			避难场所消防水域设置合理性 b318	0.025 6
			防灾指挥所设置合理性 b319	0.087 2
			既定应急制度的完善性 b320	0.170 6
地震灾害恢复重建能力	组织协调能力	0.535 9	应急预案落实程度 b401	0.111 6
			可动员生产力量 b402	0.050 6
			事故责任的落实程度 b403	0.032 2
			灾害后的总结与分析 b404	0.193 8
			每平方千米卫生防疫人员数 b405	0.052 4
			资金储蓄水平 b406	0.095 3
	物资保障能力	0.388 62	经济多样性 b407	0.150 6
			重建资金和后勤保障 b408	0.079 9
			政府财政社会保障支出 b409	0.126 5
			避难场所心理治疗效果 b410	0.031 62
	环境支撑能力	0.075 2	就业水平 b411	0.075 2

14.3　安全生产事故应急能力评估指标体系

14.3.1　安全生产事故演化机理分析

安全生产事故的发生条件和原因之间的关系十分复杂，因此，我们必须对安全生产事故进行深入、系统的研究，弄清楚其中的逻辑关系，采取科学有效的方法来真正遏制安全生产事故的发生。本书通过总结前人经验和文献资料，对安全生产事故的发生机理和影响因素进行了深入分析和总结，得出安全生产事故发生的主要原因取决于人、物、环境和信息四个方面的结论，如图 14-3 所示。

从人的因素来看，人的因素受到人的安全意识水平、个人技能、应变能力和身体素质等多方面的影响。据美国 20 世纪 50 年代统计，在 75 000 件伤亡事故中，天灾占 2%，即 98%的事故是可预防的，而在可预防的事故中，由于人的不安全行为造成的事故占 88%，与不安全行为无关的事

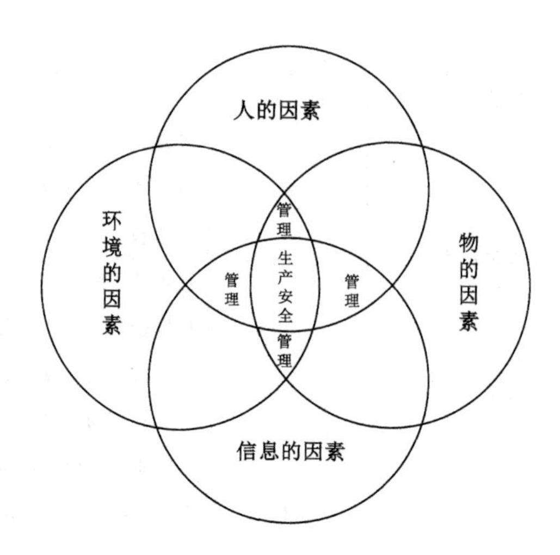

图 14-3　安全生产事故影响因素

故只占12%。可见,人的安全意识是引发安全生产事故的重要人为因素之一。因此,工作人员的培训教育对安全生产至关重要。首先,特种作业人员必须经专门的培训,具备相应特种作业的安全技术知识,安全技术理论考核和实际操作技能考核均合格并取得特种作业操作资格证书,方可上岗作业。其次,能够正确辨识安全隐患是应急监测人员必备的一项技能。由预警设备发出预警后,应急人员须立即辨别出危险源,向各部门发出警示,做好应急准备。

从物的因素来看,物的因素受风险监测指数、安全设施指数、通风指数和设备能力指数等的影响。设备不安全是设备因素的最重要影响因素。设备本质安全是指操作失误时,设备能自动保证安全;当设备出现故障时,能自动发现并自动消除故障,确保人身和设备的安全。而当设备出现老化或者未能及时维修时,设备处于一个不安全状态,极有可能引发安全生产事故。

从环境因素看,环境因素受事故处理流程可靠度、规章制度完善程度等多方面的影响。复杂和不良的生产环境会使工作人员产生不安、焦躁的心理情绪,这样就非常容易导致不必要的失误,甚至作出错误的决定和行为等,引发安全生产事故。

从信息因素看,安全生产信息化是伴随着传感技术、通信技术、计算机技术的不断进步,将各种技术运用于安全生产事故预防、处理、救援以及安全生产日常管理中,从而改变传统安全生产过程和结构,提高安全生产管理效率,降低安全生产事故发生的概率。信息因素受到上报程序健全程度、资料完备率、信息传递准确率、信息处理指数、危险信息辨识率等因素的影响。

对人、物、环境和信息因素产生影响,并且能够抑制危险因子出现和发展的其他因素,可以统称为调控因子。调控因子的作用在于对人、物、环境和信息因素进行调整和控制,防止整个生产系统失效而引发事故。对于安全生产系统而言,调控因子主要是指管理因素,包括企业内部管理因素和企业外部管理因素。企业内部管理指企业为了做好安全生产工作,确保生产的安全和顺利而进行的内部管理。企业外部管理指对安全生产负有监督和管理职责的部门对企业进行的监督和管理。如果调控因子的调控作用有效,危险因子会转化为正常因子或者危险因子的作用受到抑制,从而保证整个系统的稳定;如果调控因子的调控作用失效,危险因子进一步发展或者各危险因子交互作用,破坏系统的原有结构和功能,造成生产系统的失衡，从而引发事故。其中，危险因子进一步发展是指单一危险因子超过一定范围，发生突变现象，从而导致事故发生；各危险因子交互作用是指两个或两个以上危险因子产生联合作用（包括物理作用、化学作用和生物作用），并且超过了一定的危险度，从而发生突变导致事故。安全生产事故演化机理如图 14-4 所示。

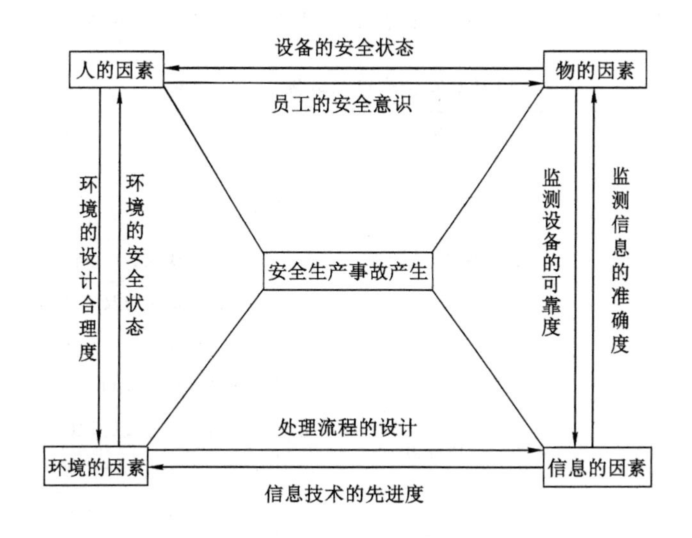

图 14-4　安全生产事故演化机理

14.3.2　安全生产事故应急能力评估指标体系构建

为了有效地对企业安全生产应急管理绩效作出合理评价，综合考虑安全生产事故演化机理，充分借鉴《生产经营单位生产安全事故应急预案编制导则》《国家安全生产事故灾难应急预案》《突发事件应对法》等相关法规和已有研究成果，本书尝试构建安全生产事故应急管理能力评估指标体系。这个指标体系由一级指标和二级指标构成：一级指标包括事故监测预警能力、事故准备减缓能力、事故应急反应能力和事故恢复重建能力；二级指标是在一级指标的基础上建立的，是对一级指标的进一步分解或细化，其内容应该充分反映一级指标的内涵（见表 14-5）。

（1）事故监测预警主要包括危险源监控、预警行动、信息报告与沟通、数据分析、监测设备、上报程序、应急管理组织以及规章制度等方面。

（2）事故准备减缓是指组织针对特定的或者潜在的突发事件所做的各种应对准备工作。主要包括：对危险源监控争取早期预警和正确决策；组织制定应急预案，并根据情况变化随时对预案加以修改完善；就应急预案组织模拟演习和人员培训，与各个政府部门、社会救援组织和工商企业等部门订立应急合作计划，以落实应急处置时的场地设施使用、物资设备供应、救援人员等事项，同时需保障生产工作环境的安全状态，为应对突发事件做好准备。

（3）事故应急反应主要是按照分级负责的原则，生产经营单位针对事故危害程度、影响范围等将安全生产事故应急行动分为不同的等级，由相应的职能部门利用现有资源，采取有效应对措施——决策、指挥、控制与协调。明确统一的应急指挥、协调和决策程序使应急组织能快速、有效地采取应急救援行动，便于对事故进行初始评估和应急反应。事态监测与评估就是在事故应急救援过程中对事态发展进行持续监测和评估，便于在事故处置过程中提前采取合理的应急措施。

(4) 事故恢复重建是指在安全生产事故应急结束后，生产经营单位进行污染物收集、清理与处理、设施重建、生产恢复、信息报告与沟通以及总结经验教训等行为。

表 14-5　城镇应对安全生产事故能力评估指标

一级指标	二级指标	三级指标
安全生产事故监测预警能力	组织协调能力	监测人员职责明确性 b101
		监测信息共享的充分性 b102
		预警信息获取的有效性 b103
		预警信息传递的及时性 b104
		公众宣传和讲解能力 b105
	资源保障能力	监测技术水平 b106
		安全防护装置数量 b107
		灾情获取系统的覆盖率 b108
		灾情快速预估系统能力 b109
	环境支撑能力	事故上报流程的有效性 b110
		应急规章制度的完善性 b111
		事前广播媒介水平 b112
		应急管理组织的健全性 b113
		报警程序的有效性 b114
安全生产事故准备减缓能力	组织协调能力	应急预案演习水平 b201
		危险源监控的有效性 b202
		应急培训频次 b203
		自救知识教育水平 b204
	资源保障能力	生产设备检测频次 b205
		生产设备更新频次 b206
		避难场所面积 b207
		应急资金投人额度 b208
		社会保险力度 b209
		安全监督人员总数 b210
	环境支撑能力	相关应急协议的有效性 b211
		通风、照明系统达标程度 b212
		空气湿度达标程度 b213
		水文环境达标程度 b214
		应急管理机构覆盖率 b215
		应急预案覆盖率 b216

续表 14-5

一级指标	二级指标	三级指标
安全生产事故应急反应能力	组织协调能力	指挥队伍到达现场速度 301
		消防营救能力 b302
		组织救援撤离速度 b303
		事故发展趋势判断准确性 b304
		救援工作的针对性 b305
		救援路径分析 b306
		二次灾难监测信息有效性 b307
		指挥部门与其他部门协调程度 b308
	资源保障能力	应急专家人数 b309
		救援装备水平 b310
		医疗保障能力 b311
		应急专业人员比例 b312
		救援物资补充速度 b313
		救援物资调拨速度 b314
		事故案例数据库的全面性 b315
		决策指挥人员总数 b316
		技术专家人员总数 b317
	环境支撑能力	应急指挥技术系统覆盖率 b318
		事故救援进展上报速度 b319
		事中广播媒介水平 b320
		应急通告报警系统有效性 b321
		既定应急制度的完善性 b322
		应急预案落实程度 b323
安全生产事故恢复重建能力	组织协调能力	事故发展趋势分析的有效性 b401
		伤亡人员统计 b402
		事故发生机理总结能力 b403
		事故责任的落实程度 b404
		资源整合能力 b405
		管理控制的水平 b406
	资源保障能力	资金储蓄水平 b407
		社会保险与救助的落实程度 b408
		资金使用审核系统的全面性 b409
		心理咨询救助站设立的有效性 b410
	环境支撑能力	政府投入机制的长效性 b411
		与政府、非政府组织机构关系维持 b412
		信息反馈系统的完善性 b413
		监管部门监督防范实权落实程度 b414

14.3.3 安全生产事故应急能力评估指标赋权

根据构建的安全生产事故应急能力评估指标和调查问卷所得到的数据，得到安全生产事故应急能力评估指标赋权（表 14-6）。

表 14-6　安全生产事故应急能力评估指标赋权

一级指标	二级指标	权重	三级指标	权重
安全生产事故监测预警能力	组织协调能力	0.378 6	监测人员职责明确性 b101	0.057 8
			监测信息共享的充分性 b102	0.153
			预警信息获取的有效性 b103	0.084 7
			预警信息传递的及时性 b104	0.039 4
			公众宣传和讲解能力 b105	0.043 7
	资源保障能力	0.242 7	监测技术水平 b106	0.039 5
			安全防护装置数量 b107	0.027 2
			灾情获取系统的覆盖率 b108	0.029 5
			灾情快速预估系统能力 b109	0.146 5
	环境支撑能力	0.378 7	事故上报流程的有效性 b110	0.042 7
			应急规章制度的完善性 b111	0.048 5
			事前广播媒介水平 b112	0.125 5
			应急管理组织的健全性 b113	0.060 2
			报警程序的有效性 b114	0.101 8
安全生产事故准备减缓能力	组织协调能力	0.333 4	应急预案演习水平 b201	0.135 2
			危险源监控的有效性 b202	0.087 6
			应急培训频次 b203	0.089 1
			自救知识教育水平 b204	0.021 5
	资源保障能力	0.333 3	生产设备检测频次 b205	0.017 9
			生产设备更新频次 b26	0.043 8
			避难场所面积 b207	0.060 6
			应急资金投入额度 b208	0.074
			社会保险力度 b209	0.054 8
			安全监督人员总数 b210	0.082 2
	环境支撑能力	0.333 3	相关应急协议的有效性 b211	0.081 1
			通风、照明系统达标程度 b212	0.021 6
			空气湿度达标程度 b213	0.021 6
			水文环境达标程度 b214	0.021 6
			应急管理机构覆盖率 b215	0.084 2
			应急预案覆盖率 b216	0.103 2

续表 14-6

一级指标	二级指标	权重	三级指标	权重
安全生产事故应急反应能力	组织协调能力	0.345 5	指挥队伍到达现场速度 301	0.098
			消防营救能力 b302	0.037 1
			组织救援撤离速度 b303	0.038 5
			事故发展趋势判断准确性 b304	0.016 4
			救援工作的针对性 b305	0.017 9
			救援路径分析 b306	0.039 4
			二次灾难监测信息有效性 b307	0.011 8
			指挥部门与其他部门协调程度 b308	0.086 4
	资源保障能力	0.309	应急专家人数 b309	0.003 4
			救援装备水平 b310	0.014 1
			医疗保障能力 b311	0.019 4
			应急专业人员比例 b312	0.010 8
			救援物资补充速度 b313	0.064 5
			救援物资调拨速度 b314	0.069 4
			事故案例数据库的全面性 b315	0.073 3
			决策指挥人员总数 b316	0.046 8
			技术专家人员总数 b317	0.007 3
	环境支撑能力	0.345 5	应急指挥技术系统覆盖率 b318	0.046 8
			事故救援进展上报速度 b319	0.062 1
			事中广播媒介水平 b320	0.074 4
			应急通告报警系统有效性 b321	0.051 2
			既定应急制度的完善性 b322	0.053 7
			应急预案落实程度 b323	0.057 3
安全生产事故恢复重建能力	组织协调能力	0.352 4	事故发展趋势分析的有效性 b401	0.051 6
			伤亡人员统计 b402	0.001 9
			事故发生机理总结能力 b403	0.028 5
			事故责任的落实程度 b404	0.019 6
			资源整合能力 b405	0.128 3
			管理控制的水平 b406	0.122 5
	资源保障能力	0.294 4	资金储蓄水平 b407	0.096 9
			社会保险与救助的落实程度 b408	0.056 6
			资金使用审核系统的全面性 b409	0.056 9
			心理咨询救助站设立的有效性 b410	0.084
	环境支撑能力	0.353 2	政府投入机制的长效性 b411	0.038 3
			与政府、非政府组织机构关系维持 b412	0.066 2
			信息反馈系统的完善性 b413	0.089 2
			监管部门监督防范实权落实程度 b414	0.159 5

14.4 环境污染事故应急能力评估指标体系

14.4.1 环境污染事故演化机理分析

在灾害学中,致灾因子是灾害产生的充分条件,承灾体是放大或缩小灾害的必要条件,孕灾环境是影响前两者的背景条件。从直观上看,各种事故、违法排放都可以看作导致环境污染事故的致灾因素,应急干预则是消减环境污染事故危害的手段,社会介入放大了环境污染事故的危害性,环境污染突发事件的演化是在一定的自然条件下进行的。从应急管理的角度看,应急干预是环境污染突发事件动力因素中的重要部分,可视为干预因素。干预因素是指为了减少和消除突发灾害对人和人类社会造成的损害和威胁而采取相应措施的应急管理部门、人员及技术手段。干预因素与致灾因素、承灾因素、孕灾因素等构成了环境污染事故突发事件的动力因素体系,如图 14-5 所示。

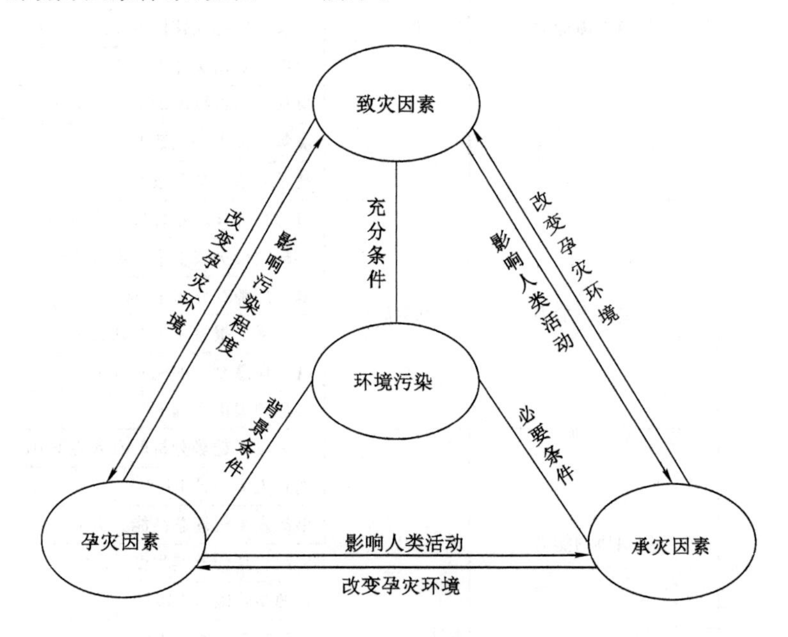

图 14-5 环境污染事故演化机理

致灾因素既可以是引起或导致环境污染事故的安全事故、生产事故、违法排放等诱发性因素,也可以是被污染体本身。一旦造成了环境污染事故,对被污染体的监测预警、应急处置就成了应急管理的主题,需要对环境污染事故的排毒指数、扩散速度、污染带长等进行监测预警,及时掌握数据变化和环境污染事故演化趋势,以利于采取相应对策。对应急管理而言,系统考量致灾因素与其他动力因素之间的关系是全面处置环境污染事故突发事件的关键问题之一。

社会介入是指与环境污染事故发生耦合,导致人类居住区受污染体威胁程度的加深或减轻的因素,包括城市易损性、社会舆论、公众行为等。其中,城市易损性又包括人口密度分布、城市布局、交通状况、城市规模、区域产业对环境的依赖程度等。环境污染事故突发事件除了受到各种诱因的作用外，还受到诸如信息的传播和发布问题的影响，环境污染事故突发事件的信息公开滞后会导致政府对舆论失去控制。随着社会快速发展，互联网、手机短信等加速了传闻、谣言的蔓延，加剧了社会的不稳定和不安全，使事件不断恶化。

干预因素是指人们为了使环境受污染程度减轻，对环境污染事故突发事件演化的过程进行干预而采取的各种措施和手段。从应急管理的角度看，放大或缩小灾害的必要条件除了承灾体外，还包括政府应急管理水平。政府及时有效的应急管理是减小灾害危害性的重要因素。应急干预包括应急资源保障能力、指挥决策能力、应急队伍能力、应急技术水平和法规建设等五个因素。应急资源保障能力包括应急资源调度能力、应急资源储备量、应急物资运输时间和应急物资储备种类等。环境污染事故突发事件中出现的一些哄抢行为和恐慌情况就是应急资源储备不足，政府应急反应能力较差的体现。没有充足的应急资源储备，在突发事件发生时，人员的生命健康就得不到保障，从而加剧社会的不稳定。应急技术水平包括应急平台建设、应急装备、环境污染事故治理技术等。

孕灾环境指天气、水文、气象、地质条件等作用于受污染体，使环境受污染程度减轻或增强的因素。

14.4.2　环境污染事故应急能力评估指标体系构建

综合考虑环境污染事故演化机理，充分借鉴《国家突发环境事件应急预案》《突发环境事件应急管理法》《突发事件应对法》等相关法规和已有研究成果，从监测预警、准备减缓、应急反应、恢复重建四个方面构建环境污染事故应急管理能力评估指标体系（表 14-7）。

表 14-7　　城镇应对环境污染事故能力评估指标

一级指标	二级指标	三级指标
环境污染事故监测预警能力	组织协调能力	监测人员职责明确性 b101
		监测信息共享的充分性 b102
		污染途径排查的有效性 b103
		重大污染源排查的有效性 b104
		预警信息传递的及时性 b105
	资源保障能力	监测技术水平 b106
		设备监测结果的准确性 b107
		风险监测设备总数 b108
		监测专业人员比例 b109
	环境支撑能力	事故上报流程的有效性 b110
		应急规章制度的完善性 b111
		事前广播媒介水平 b112
		应急管理组织的健全性 b113
		报警程序的有效性 b114

续表 14-7

一级指标	二级指标	三级指标
环境污染事故准备减缓能力	组织协调能力	公众宣传和讲解能力 b201
		应急预案演习水平 b202
		危险源监控的有效性 b203
		应急培训频次 b204
		自救知识教育水平 b205
	资源保障能力	应急专业人员总数 b206
		避难场所面积 b207
		政府应急资金投入额度 b208
		应急资源储备保障 b209
		环境监督人员总数 b210
	环境支撑能力	监督人员环保知识水平 b211
		交通管制水平 b212
		应急管理机构覆盖率 b213
		应急预案覆盖率 b214
		区域人口密度 b215
环境污染事故应急反应能力	组织协调能力	组织救援撤离速度 b301
		事故发展趋势判断准确性 b302
		救援工作的针对性 b303
		二次灾难监测信息有效性 b304
		污染范围动态监测的有效性 b305
		事态评估的有效性 b306
		指挥部门与其他部门协调程度 b307
	资源保障能力	救援装备水平 b308
		医疗保障能力 b309
		应急专业人员比例 b310
		救援物资补充速度 b311
		救援物资调拨速度 b312
		事故案例数据库的全面性 b313
		决策指挥人员总数 b314
		专家支持系统的有效性 b315
		应急指挥技术系统覆盖率 b316

续表 14-7

一级指标	二级指标	三级指标
环境污染事故应急反应能力	环境支撑能力	卫生保障能力 b317
		事故救援进展上报速度 b318
		事中广播媒介水平 b319
		应急资源查询系统通畅程度 b320
		应急指挥场所覆盖率 b321
		既定应急制度的完善性 b322
		应急预案落实程度 b323
环境污染事故恢复重建能力	组织协调能力	事故发展趋势分析的有效性 b401
		伤亡人员统计 b402
		事故发生机理总结能力 b403
		事故损失调查评估 b404
		事故责任的落实程度 b405
		资源整合能力 b406
		管理控制的水平 b407
	资源保障能力	资金储蓄水平 b408
		社会保险与救助的有效性 b409
		资金使用审核系统的全面性 b410
		心理咨询救助站设立的有效性 b411
	环境支撑能力	政府投入机制的长效性 b412
		与政府、非政府组织机构关系维持 b413
		信息反馈系统的完善性 b414
		监管部门监督防范实权落实程度 b415
		水、电、气等修复程度 b416

（1）监测预警能力建设的主要目的之一就是监测、防止和减缓事故的发生。系统安全理论认为，事故之所以发生，是因为系统中存在危险源，防止事故最好的方法就是消除和控制系统中的危险源。因此，只有充分识别可能的污染源并正确评估其风险，才能明确控制对象，并进行针对性的预防。危险识别和评估是根据相关的标准和方法，辨识和确定可能引发环境污染事故的物质或设施，利用定性和定量的方法确定因事故隐患导致污染事故发生的概率和严重性。通过危险识别和评估，可以全面了解相关区域内可能发生的环境污染事故及其可能产生的后果，在此基础上才能制定可行的管理措施和采取相应的工程技术措施，并对后续的应急反应行动进行准备。危险识别和评估能力不足势必导致应急准备工作不充分，从而影响应急能力的建设。通过监测和监控可以及时辨识出事故潜伏期的各种预兆，便于应急管理主体及时发现和解决事故隐患，从而避免环境污染事故的发生和扩大。同时，应急监测还是事故应急反应的重要基础，是制定应急处置方案，减轻事故危害的根本依据之一。因此，监测监控能力的建设是应急预防能力建设的重要内容，并且要做好前期的准备工

作，包括监测程序、应急监测方案的制定和相应装备的配置等，以确保在接到应急监测任务时，可以使监测工作有序、有效进行。

（2）应急准备首先是要对环境污染事故预防进行宣传教育。人的不安全行为和物的不安全状态是引发事故发生的重要原因，众多事故案例表明，由于相关人员的安全意识淡薄，违反操作规程以及缺乏应急意识才导致事故的发生和扩大。因此，应急管理主体应定期对相关应急管理人员进行安全教育，宣传相关法律法规和环境应急预防、处置的相关知识，提高员工安全和应急意识。要使相关人员有效运用所学的知识，提高安全操作和应急操作的能力，则要通过培训来解决。其次是应急预案准备。应急预案准备不仅是自身应急能力建设的基础，也是较高层级应急预案得以有效实施的基础。在制定应急预案时，除了确保其完备、有效，还要协调政府部门之间现有的应急预案。应急预案是指导应急人员开展应急行动，消除或减轻事故损失的主线，应急预案准备的质量直接关系到应急反应的效果。最后是拥有完整的应急队伍。应急队伍是承担污染防控任务的骨干力量，如果拥有完备专业的应急队伍，则可以在事故初期将事故控制或延缓事故的发展，从而为外部应急救援力量的加入赢得时间。

（3）根据事故地点、危化品的理化特性、采样方法、监测分析方法、现场地理环境信息、现场气象信息及人文环境信息，在保证人员安全的前提下，确定处置技术方案、人员出动及增援方案，确定现场监测点布设方案，确定受影响的范围，需要的防护措施以及其他可能的处理措施。指挥部和现场指挥部根据这些信息形成应急方案，调度应急队伍，采用恰当的措施对事故进行处理。工作人员到达现场后，进行环境污染事故监测，监察人员采集现场照片、录像等事故信息，通过有线/无线方式将此类数据发送给指挥中心。

（4）事故应急处理完成后，进行工作总结，填写相关的报告、表格，并把工作总结向相关部门汇报。这部分数据通过系统的进一步处理，成为应急处理的案例和模板，为以后的应急处理提供参考。事故终止后，组织专家对受灾范围进行科学评估，对遭受破坏的生态环境提出处置建议；组织有资质的企业消除遗留污染，防治二次污染和次生污染。

14.4.3 环境污染事故应急能力评估指标赋权

根据环境污染事故应急能力评估指标和调查问卷所得到的数据，得到环境污染事故应急能力评估指标赋权（表 14-8）。

表 14-8　　环境污染事故应急能力评估指标赋权

一级指标	二级指标	权重	三级指标	权重
环境污染事故监测预警能力	组织协调能力	0.357 8	监测人员职责明确性 b101	0.007 2
			监测信息共享的充分性 b102	0.107 1
			污染途径排查的有效性 b103	0.041 5
			重大污染源排查的有效性 b104	0.040 9
			预警信息传递的及时性 b105	0.161 1

续表 14-8

一级指标	二级指标	权重	三级指标	权重
环境污染事故监测预警能力	资源保障能力	0.284 6	监测技术水平 b106	0.078 2
			设备监测结果的准确性 b107	0.132 6
			风险监测设备总数 b108	0.055 9
			监测专业人员比例 b109	0.017 9
	环境支撑能力	0.357 6	事故上报流程的有效性 b110	0.079 6
			应急规章制度的完善性 b111	0.057 1
			事前广播媒介水平 b112	0.081 9
			应急管理组织的健全性 b113	0.035 3
			报警程序的有效性 b114	0.103 7
环境污染事故准备减缓能力	组织协调能力	0.374 5	公众宣传和讲解能力 b201	0.037 9
			应急预案演习水平 b202	0.183 9
			危险源监控的有效性 b203	0.078 7
			应急培训频次 b204	0.050 8
			自救知识教育水平 b205	0.023 2
	资源保障能力	0.318 5	应急专业人员总数 b206	0.074 1
			避难场所面积 b207	0.057 3
			政府应急资金投入额度 b208	0.078 1
			应急资源储备保障 b209	0.083 9
			环境监督人员总数 b210	0.025 1
	环境支撑能力	0.309 6	监督人员环保知识水平 b211	0.030 6
			交通管制水平 b212	0.142 9
			应急管理机构覆盖率 b213	0.076 7
			应急预案覆盖率 b214	0.056 8
			区域人口密度 b215	0.002 6
环境污染事故应急反应能力	组织协调能力	0.373 9	组织救援撤离速度 b301	0.131 5
			事故发展趋势判断准确性 b302	0.036 1
			救援工作的针对性 b303	0.037 5
			二次灾难监测信息有效性 b304	0.013 3
			污染范围动态监测的有效性 b305	0.024 2
			事态评估的有效性 b306	0.050 9
			指挥部门与其他部门协调程度 b307	0.080 4
	资源保障能力	0.301 5	救援装备水平 b308	0.009 2
			医疗保障能力 b309	0.009 7
			应急专业人员比例 b310	0.020 8
			救援物资补充速度 b311	0.024 9
			救援物资调拨速度 b312	0.007 3

续表 14-8

一级指标	二级指标	权重	三级指标	权重
环境污染事故应急反应能力	资源保障能力	0.301 5	事故案例数据库的全面性 b313	0.056 5
			决策指挥人员总数 b314	0.067 8
			专家支持系统的有效性 b315	0.056 9
			应急指挥技术系统覆盖率 b316	0.048 4
	环境支撑能力	0.324 6	卫生保障能力 b317	0.008 2
			事故救援进展上报速度 b318	0.009 2
			事中广播媒介水平 b319	0.066 1
			应急资源查询系统通畅程度 b320	0.061 6
			应急指挥场所覆盖率 b321	0.064 2
			既定应急制度的完善性 b322	0.056 7
			应急预案落实程度 b323	0.058 6
环境污染事故恢复重建能力	组织协调能力	0.534 8	事故发展趋势分析的有效性 b401	0.020 7
			伤亡人员统计 b402	0.028 1
			事故发生机理总结能力 b403	0.019
			事故损失调查评估 b404	0.108 9
			事故责任的落实程度 b405	0.117 3
			资源整合能力 b406	0.118 6
			管理控制的水平 b407	0.122 2
	资源保障能力	0.309 9	资金储蓄水平 b408	0.070 7
			社会保险与救助的有效性 b409	0.107 4
			资金使用审核系统的全面性 b410	0.080 5
			心理咨询救助站设立的有效性 b411	0.051 3
	环境支撑能力	0.155 3	政府投入机制的长效性 b412	0.046 1
			与政府、非政府组织机构关系维持 b413	0.008 4
			信息反馈系统的完善性 b414	0.032 5
			监管部门监督防范实权落实程度 b415	0.059 6
			水、电、气等修复程度 b416	0.008 7

第六篇　我国城镇综合应急管理平台研究与开发

第十五章　我国城镇综合应急管理平台的总体设计

15.1　平台研发的总体框架

针对本子课题研究目标和研究内容，制定总体研究框架如图 15-1 所示。根据城镇应急管理需要，分别建立案例库、预案库和模型库三个决策支持信息库系统。

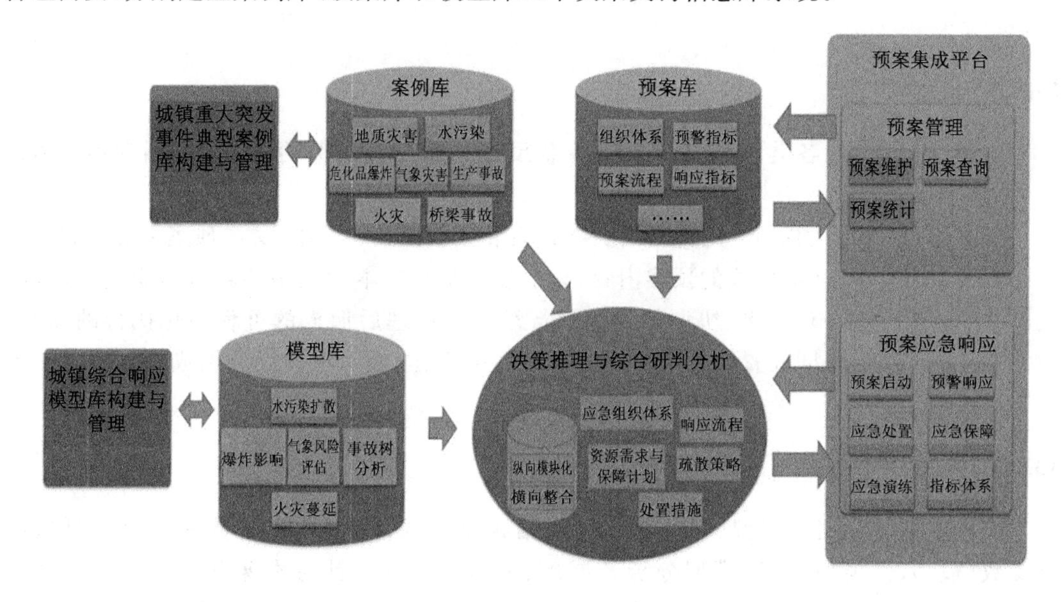

图 15-1　典型突发事件情景模拟分析和快速应对平台

15.1.1　案例库设计

案例库存储国内外突发事件典型案例，案例包括相关历史灾害、事故信息。案例的属性分为通用属性和事件属性两类。前者是各类灾害事故共有的属性，如案例标题、主题词、摘要、事发地点、事发时间、结束时间等；后者则是指与突发事件类型依赖的属性，如震级、风圈半径等。

由于案例本身具有的时空维度，案例组织和存储时必须考虑其时空属性的组织和管理，因此，我们选择地理数据库对案例及其属性信息进行组织。通过总结各类突发事件的案例资料，我们初步设计了 20 项案例要素用于案例信息组织和存储，具体如图 15-2 所示。

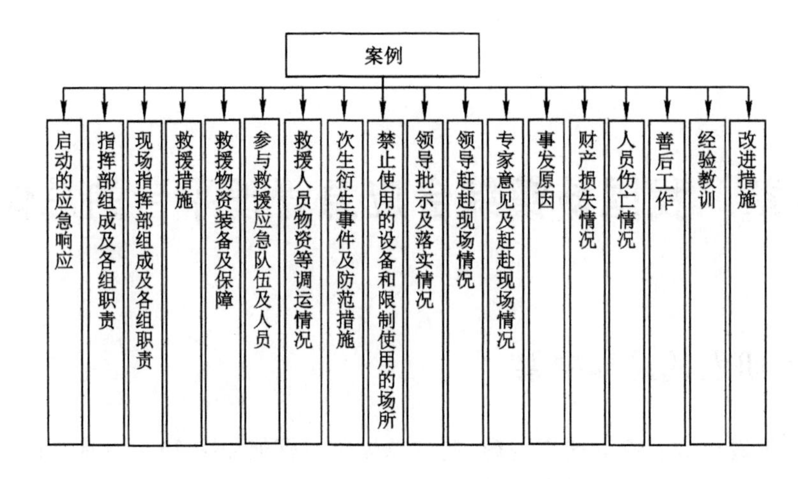

图 15-2 案例要素构成

15.1.2 预案库设计

预案库存储各级各类预案，包括总体应急预案、专项预案、部门预案、大型活动预案和企事业单位应急预案等。

应急预案按内容和形式分为两种：文本预案和数字预案。其中，文本预案主要存储各级政府、机构预编制的文本形式的预案内容；数字预案是对文本预案中的救援组织、救援队伍及应急处置流程、措施、职责、协调等方面进行结构化处理后形成的可程序化执行的预案。数字预案主要存储不同处置阶段的应急救援指挥机构、救援队伍的人员构成、职责划分、整体行动计划等。

15.1.3 模型库设计

模型库主要存储与模型相关的数据，包括模型目录体系、模型元数据、模型实体、模型参数、模型链、模型辨识、模型分析及展现、模型利用等。针对本课题应用示范区域特征，涉及的模型主要包括水污染扩散模型、爆炸影响分析模型、气象风险评估模型、事故树分析模型和火灾蔓延模型等。模型库的设计主要从模型相关数据的数据库结构组织和存储设计展开。

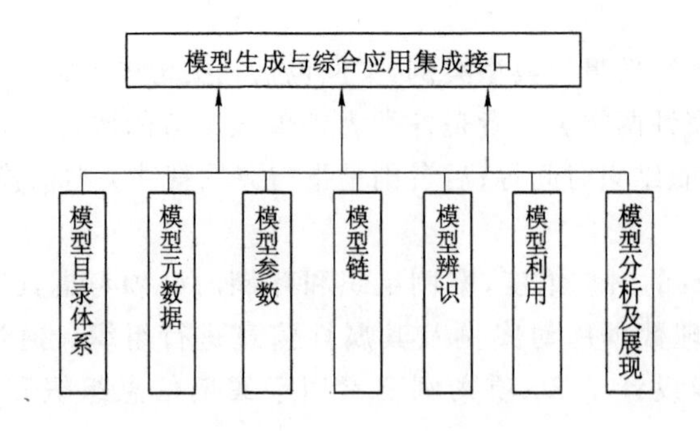

图 15-3 模型库的组成

① 模型目录体系:记录了模型库中所有的组合模型及其子模型。

② 模型元数据:记录了模型的一些基本信息。模型元数据主要描述模型名称、适用事件类型、接口方式、运算速度等。

③ 模型实体:存储模型本身的执行代码。

④ 模型参数:对模型(包括子模型)的数据模式结构进行的描述,包括模型输入参数和模型输出参数。

⑤ 模型链:记录了组合模型中的同一级子节点的关系,包括星型模型链、串型模型链、混合型模型链、隐蔽型模型链。

⑥ 模型辨识:运行时,模型辨识的方式主要通过与突发事件类型、级别或其他属性进行关联。一个模型可能对应多个时间类型,如事故树分析可以在爆炸事故中应用,也可以在危化品泄漏污染事故中应用。

⑦ 模型分析及展现:主要记录模型分析结果的原始数据及空间分析的影响范围,可供用户查阅或系统其他模块使用。

⑧ 模型利用:记录了模型在实际处理突发事件中的使用情况,可供模型开发人员、总结评估人员进行参考。

15.1.4　决策推理与综合研判分析

在模型库、案例库和预案库的基础上,研发面向事件的分析推理和信息检索模块,实现突发事件响应(包括预警响应和应急响应)时的计算机辅助研判分析。主要包括:根据事件类型和响应级别,自动提取应急组织体系信息;根据事件风险形式和应急资源现状,给出资源需求和保障规划参考方案;根据事件类型和响应级别,以及特定的空间、时间、资源约束条件,参考预案中规定的响应流程,形成实际响应流程;根据周边环境和交通路况等信息,人机交互分析形成疏散策略;参考预案规定,结合动态事件信息,形成科学合理的应急处置措施。

15.1.5　基础支撑框架和预案集成平台研发

设计和开发的基础支撑框架,包括案例库、模型库和预案库的数据库物理实现,协同开发基础环境和组件,以及提供系统运行支撑的运行和软件部署环境。此外,本子课题自身通过集成和整合其他子课题的研发成果和系统模块,为示范应用提供支持。

15.2　案例库、预案库和模型库的设计和库表结构实现

15.2.1　案例库

案例库实体关系模型主要从关系、引用、启动和继承四个方面进行描述。第一,事件类型与案例之间是多对一的关系,案例与应急预案之间是多对多关系;自然灾害案例、公共卫生事件案例、事故灾害案例、社会安全事件案例与案例是继承关系。第二,连接案例与事件类型,表示案例引用某个事件类型。第三,连接案例与应急预案,表示案例中的突然事件发生时启动的应急预案。第四,连接案例与自然灾害案例、公共卫生事件案例、事故灾难案例、

社会安全事件案例,表示四个案例是从案例实体中继承过来的。案例库实体-联系图(E-R图)如图 15-4 所示。

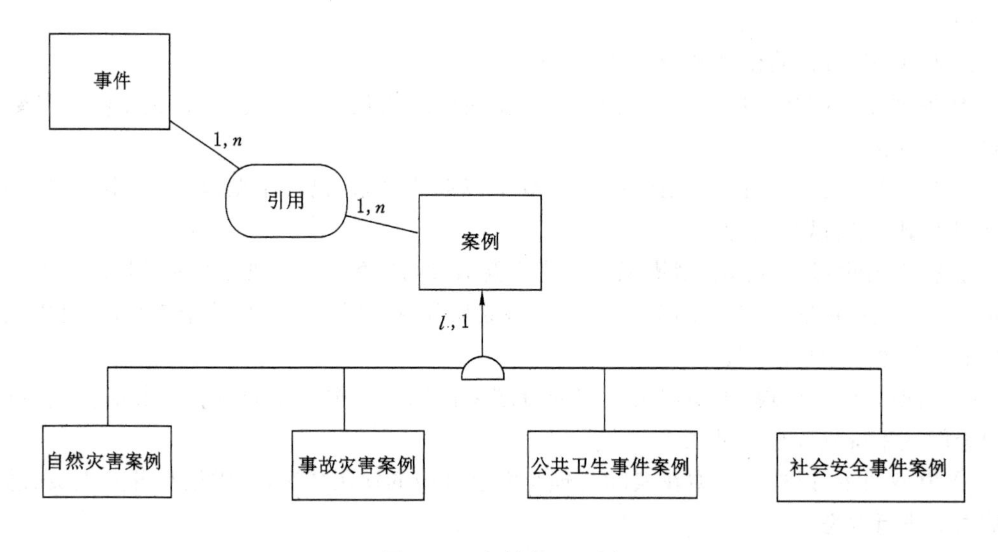

图 15-4　案例库 E-R 图

具体来说,每个实体的属性定义如下:

(1) 案例:为一个抽象概念,其属性为案例编码、案例名称、事件类型代码、主题词、案例类型、事发时间、结束时间、事发地点、事发原因、评估级别、财产损失情况、人员伤亡情况。

(2) 事件:事件编码、名称、说明。

(3) 自然灾害案例:案例编码、受灾人口、被困人口、紧急转移安置人口、饮水困难人口、因灾死亡人口、因灾重伤人口、因灾轻伤人口、因灾失踪人口、因灾失业人口、受灾面积、成灾面积、绝收面积、倒塌房屋间数、倒塌居民住房间数、倒塌居民住房户数、严重破坏房屋间数、损失林木蓄积、因灾死亡的牲畜、因灾报废的设备、因灾破坏的设备、公路破坏、铁路破坏、桥梁破坏、水库破坏、直接经济损失、农业直接经济损失、工业直接经济损失、安排救济粮数量、安排口粮救济款、救济口粮人口、救济衣被数量、安排衣被救济款、救济衣被人口、恢复住房户数、中央财政救灾支出、省级财政救灾支出、地级财政救灾支出、县级财政救灾支出、动用军队数量、动用医疗队数量、动用运输工具数量、车船投入合计、受灾区域、受灾前兆信息、致灾因素描述、次生灾害描述、采取措施、经验教训。

(4) 公共卫生事件案例:案例编号、案例名称、事发地点、事发时间、事件类型、死亡人数、受影响人数、死亡牲畜数量、受影响牲畜数量、直接经济损失、间接经济损失、中央财政救灾支出、省级财政救灾支出、地级财政救灾支出、县级财政救灾支出、事发原因、事故描述、采取措施、总结与分析。

(5) 事故灾害案例:案例编号、案例名称、事发地点、事发时间、事故类型、事故性质、死亡人数、受伤人数、直接财产损失、间接财产损失、事发原因、事故描述、调查结果、救援情况描述、总结与分析、案例文件名。

(6) 社会安全事件案例:案例编号、案例名称、事发地点、事发时间、事件类型、死亡人数、受伤人数、事件级别、危害程度、事件涉及人数、直接损失、间接损失、事发原因、采取措施、调查结构、总结与分析。

15.2.2　预案库

为了满足预案集成平台功能运行要求，预案库主要包括预案、预案附件、预案与应急力量关联、预案与应急资源关联、预案操作手册等数据实体。预案主要记录预案的名称、类型、发布单位、发布时间等；预案附件主要记录预案的附件信息；预案与应急力量关联主要记录预案与应急力量的关联信息；预案与应急资源关联主要记录预案与应急资源的关联信息；预案操作手册主要记录预案操作手册的名称、操作手册附件等。预案数据库的数据实体及其关系如图 15-5 和图 15-6 所示。预案库的主要库表结构如表 15-1～表 15-5 所列。

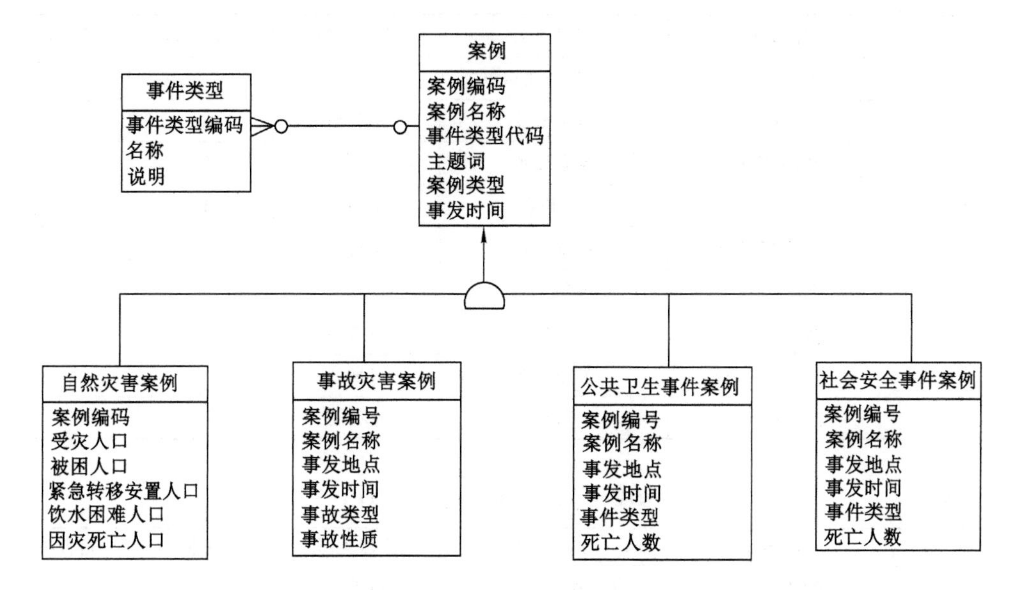

图 15-5　案例实体描述

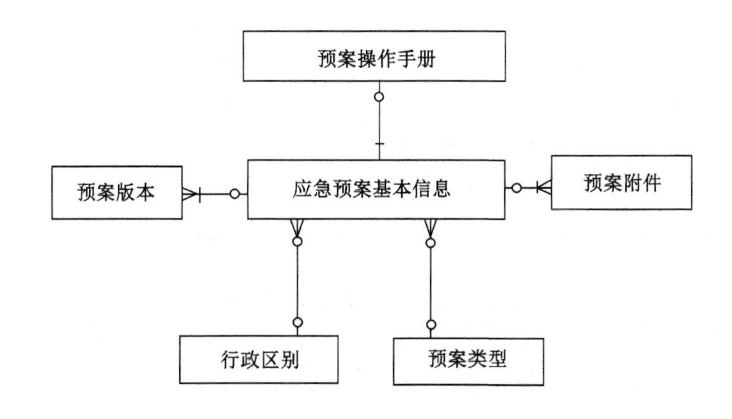

图 15-6　预案库数据实体及其关系

表 15-1 预案基本信息表(PLA_BASE)

序号	字段名称	字段含义	字段类型	字段长度	是否必填
1	NUCODE	记录唯一性标识	数值型		
2	PLANID	预案编号	字符型	32	是
3	PLANNAME	预案名称	字符型	100	是
4	PLANTYPECODE	预案类型	字符型	10	是
5	DISTRICTCODE	行政区划	字符型	12	
6	NOTES	备注	字符型		

表 15-2 预案版本表(PLA_VER)

序号	字段名称	字段含义	字段类型	字段长度	是否必填
1	NUCODE	记录唯一性标识	数值型		
2	VERID	版本编号	字符型	32	是
3	PLANID	预案编号	字符型	32	是
4	VERNO	版本号	字符型	10	是
5	VERSTATECODE	版本状态	字符型	1	
6	PROORG	编制单位	字符型	500	
7	PUBLISHORG	发布单位	字符型	500	
8	PUBLISHDATE	发布日期	日期型		
9	NOTES	备注	字符型	500	

表 15-3 预案操作手册表(PLA_MANUAL)

序号	字段名称	字段含义	字段类型	字段长度	是否必填
1	NUCODE	记录唯一性标识	数值型		
2	MANUALID	手册编号	字符型	32	是
3	VERID	预案版本编号	字符型	32	是
4	VERNO	手册版本号	字符型	10	是
5	MANUALNAME	手册名称	字符型	60	是
6	PUBUNIT	手册发布单位	字符型	500	
7	PROORG	手册编制单位	字符型	500	
8	PUBDATE	手册发布日期	日期型		
9	NOTES	备注	字符型	500	

表 15-4 预案类型表(CODE_BAS_PLA)

序号	字段名称	字段含义	字段类型	字段长度	是否必填
1	PLATYPECODE	预案类型代码	字符型	10	是
2	PLATYPENAME	预案类型名称	字符型	50	是
3	PARENTOCODE	上级预案类型代码	字符型	10	
4	NOTES	备注	字符型	500	

表 15-5　　预案附件表(PLA_ ATTACH)

序号	字段名称	字段含义	字段类型	字段长度	是否必填
1	PLATTACHID	附件编号	字符型	32	是
2	FILENAME	文件名称	字符型	200	是
3	CONID	关联编号	字符型	32	是
4	CONINFOCODE	关联信息代码	字符型	2	是
5	PLAATTACH	附件	大对象型		
6	NOTES	备注	字符型	500	

15.2.3　模型库

为了加强平台对于突发事件的分析和综合研判能力，切实提高辅助决策水平，模型库主要包括模型管理、模型情况类型关联等数据实体。模型管理主要记录模型的名称、模型参数定义、模型类别等；模型情况类型关联主要记录模型和情况类型的关联信息。模型库数据实体及其关系如图 15-7 所示。模型库的主要库表结构如表 15-6～表 15-7 所列。

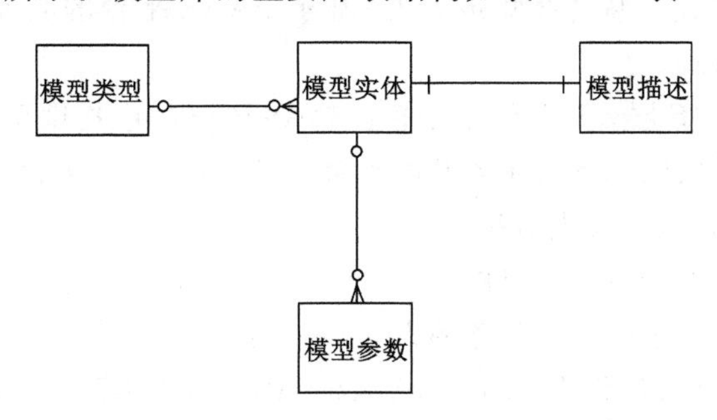

图 15-7　模型库数据实体及其关系

表 15-6　　模型管理表(MOD_ MANAGE)

序号	字段名称	字段含义	字段类型	字段长度	是否必填
1	NUCODE	记录唯一性标识	字符型	32	
2	MODELID	模型编号	字符型	32	是
3	MODELNAME	模型名称	字符型	100	是
4	MODELDESC	模型描述	字符型	200	
5	MODELARG	模型参数定义(xml 格式存储，留待以后扩展)	字符型	500	
6	MODELTYPE	模型类别	字符型	10	是
7	NOTES	备注	字符型	500	

表 15-7　　模型类型表(CODE_BAS_ MOD)

序号	字段名称	字段含义	字段类型	字段长度	是否必填
1	MODTYPECODE	模型类型代码	字符型	10	是
2	MODTYPENAME	模型类型名称	字符型	50	是
3	PARENTOCODE	上级模型类型代码	字符型	10	
4	NOTES	备注	字符型	500	

15.3 集成框架设计与实现

在既有框架基础上，针对本次课题研发需要，定制化形成了协作开发集成框架。该集成框架是构建本次应用软件系统的基础支撑平台，提供统一的应用开发模式、统一的应用开发架构、统一的应用部署架构和统一的应用安全架构，从而保证整个平台的统一性、完整性、兼容性。

该集成框架基于软件组件化复用技术，遵循 JavaEE 多层架构，实现软件构件高度复用目标，为整个应用系统的可扩展性、灵活性、高可用性、安全性、稳定性等提供基础保障，减轻应用软件建设、开发、维护费用。

该集成框架基于云计算的架构，分为协同开发云平台和应用支撑云平台两部分。

(1) 协同开发云平台：主要提供开发人员开发环境和组件、应用开发模式、应用开发架构等支持，具体包括敏捷协作工具、云应用开发引擎、前端开发框架和后端开发框架四个部分。

① 敏捷协作工具：结合精益敏捷开发，让开发的节奏变得快速而且持续，实现需求与缺陷管理贯穿整个生命周期。从持续集成开始，基于 PAAS 平台的服务能力，最终实现基于 SAAS 的敏捷化开发管理。

② 开发者中心：PAAS 层云开发平台功能在 SAAS 层的应用，提供开发文档和技术支持。

③ 云应用开发引擎：以现有的业务基础平台为基础，逐步演化为云开发平台，推进业务系统价值提升，提高复用度和开发效率。

④ 前端开发框架：基于模块＋组件方式最终实现 web、GIS、手机的一体化前端开发。

⑤ 后端开发框架：基于平台＋服务的方式，实现服务统一治理。

(2) 应用支撑云平台：提供 IAAS、PAAS、SAAS 三个层级的应用支撑体系，满足基础硬件资源、中间件服务和公共安全基础应用软件服务的支撑需求。各层提供的支撑服务具体如图 15-8 所示。

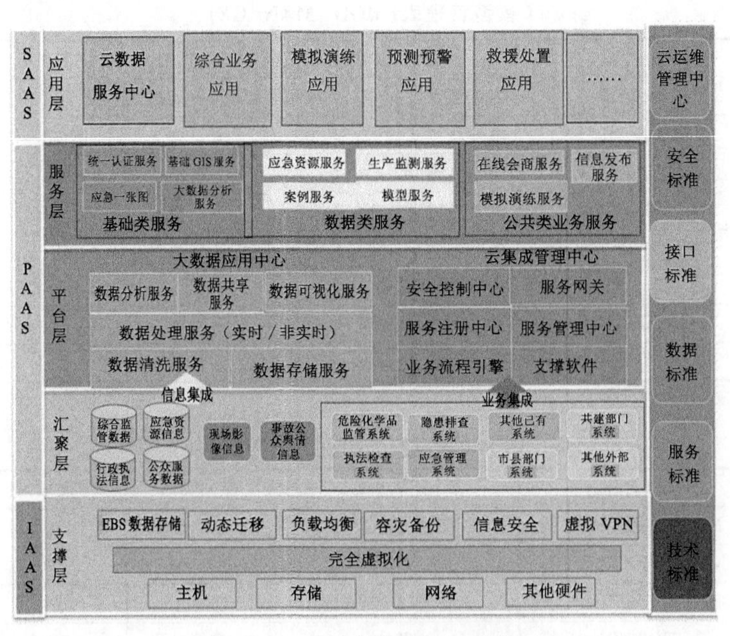

图 15-8　应用支持云平台架构

第十六章　我国城镇应急预案管理子软件的设计与实现

16.1　系统设计目标

我国城镇如何通过优化应急管理机制和城镇应急预案体系，解决城镇应急管理资源不足、应急管理组织机构不健全、公众防护能力不足、整体应急能力低下等应急管理中的突出问题是本课题的总体目标。通过制作数字化应急预案体系和规划平台，能够解决预案信息量较少、查阅不方便、信息不直观的问题，为城镇应急管理提供辅助决策依据，提高应急管理人员的专业化水平，方便向社会普及应急知识。

城镇在对自身风险评估的基础上，需要对可能发生的四大类突发事件编制相应预案，本系统主要服务于城镇政府各级部门、企业的预案编制和管理工作，保障预案编制过程符合国家相关政策要求，规范预案内容，提高预案质量和管理水平，从而提升城镇应对突发事件的能力。针对每一个预案，按照使用范围不同分成预案全案、预案简案、预案执行流程图和现场处置卡，统称为“四个一”，系统功能支持预案全案、预案简案、预案执行流程图的编制和管理。

系统用户分为政府和企业两大类，按照用户所属部门的层级分为 5 层：国家、省、市、县和乡镇，采用 2 位数字代表一个地区，子地区则是在父地区的区域号之后累加 2 位数字。比如 01 代表中国；0101 代表江苏；010101 代表江苏省下的无锡；01010101 代表无锡的江阴；0101010101 代表江阴的新桥镇。企业编码与政府同理；02 代表企业；0201 代表某个企业 1；020101 代表企业 1 下的一个部门如企业 1 预案部。以此类推，用户层级设置情况如表 16-1 所列。

表 16-1　　系统用户层级设计

编号	用户角色	用户操作权限	用户属性	用户数量
1	各地区部门/企业子部门	预案实例管理 预案展示 预案修订 预案查询 查看和审批下级部门预案情况	在指挥场所或各级部门	多个
2	中国/企业	预案实例管理 预案展示 预案修订 最高级别的查看和审批下级部门预案情况	最高级指挥部门	1 个

续表 16-1

编号	用户角色	用户操作权限	用户属性	用户数量
3	系统管理员	组织机构管理 资源类结构管理 数据权限管理 用户管理 角色管理	管理系统配置	1个

16.2 功能模块

按照项目任务要求和系统目标,城镇应急预案管理系统主要包括的功能模块如图 16-1 所示。

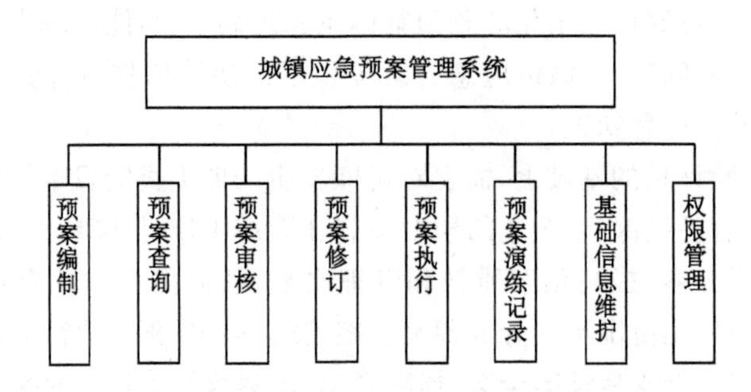

图 16-1 城镇应急预案管理系统主要的功能模块

(1) 预案编制模块

预案编制模块:用户登录后,可以查看本部门编制的预案列表,并可以新增或修改某个应急预案的全案、简案和执行流程图,编制或修改完成后可以提交上级部门审核或打印输出。预案编制系统操作的流程图如图 16-2 所示。

预案的编制是根据主研项目成果《城镇应急预案编制指南》中所规定的城镇应急预案应该具备的内容和编制标准,按照总体章节细分成模块,对于每一个模块的编制,系统给出编制说明和示例,尽可能规范和简化应急预案的编制过程,使其更适应城镇应急预案管理的具体情况。

(2) 预案查询模块

该模块主要是用来搜索、查看已完成的应急预案,并可以在此基础上完成修订申请、查看修订历史和打印输出预案。预案查询界面如图 16-3 所示。

(3) 预案审核模块

预案编制完成后需要提交到上级部门进行审核,上级部门用户进行审阅后可以选择通过审核或退回修改,并填写修改意见。预案审核界面如图 16-4 所示。

(4) 预案修订模块

应急预案在执行一段时间后可能需要进行修订,用户可以再预案查询模块选择一个

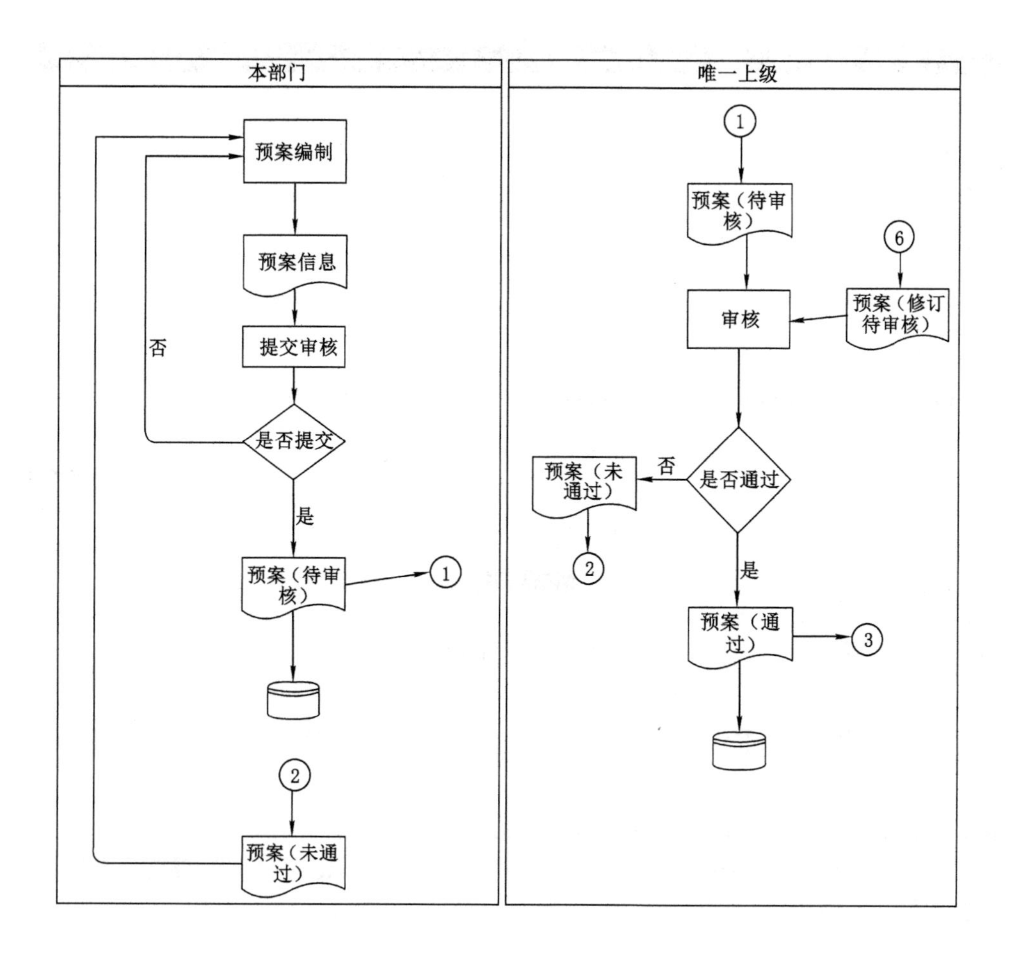

图 16-2　预案编制系统操作的流程图

预案列表　+新增预案

每页显示 10 条　　搜索

预案编号	预案名称	预案类别	灾害类型	负责部门	状态	版本号	日期	操作
20170606	城镇危险化学品生产安全事故应急预案	专项	事故灾难	中国	通过	17.5.18.1	2017-06-18	查看详情 申请修订 删除
201706012	城镇食品安全事故应急预案全案	专项	公共卫生	中国	通过	17.5.18.2	2017-06-15	查看详情 申请修订 删除

当前第 1 - 2 条　共计 2 条　‹ 1 ›

图 16-3　预案查询界面

预案提交修订申请，由上级部门进行审批后方可再预案修订模块进行修订。预案修订界面如图 16-5 所示。预案的编制—审核—执行—修订—执行构成一个管理闭环，一个预案不同时刻在系统中处于不同的状态，体现了预案管理的实际流程，系统中预案的全部状态如表 16-2 所列。

图 16-4　预案审核界面

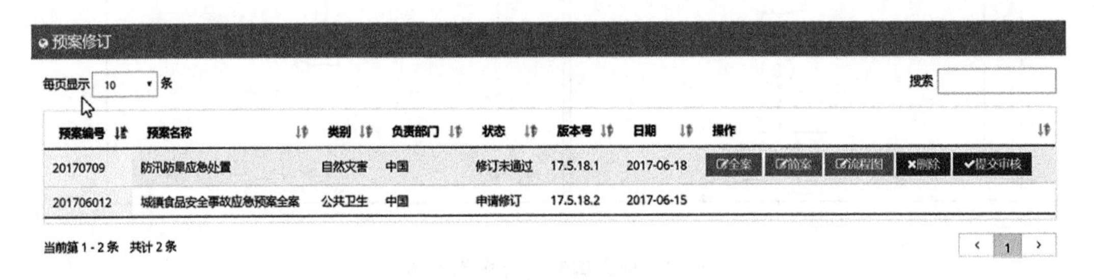

图 16-5　预案修订界面

表 16-2　　预案状态说明

序号	状态	说　明
01	待完成	新建预案时的状态，表示预案第一次编制
02	待审核	预案提交审核状态，只存在于预案编制页面
03	未通过	预案编制审核未通过，只存在于预案编制页面
04	通过	预案审核通过，存在于预案列表页面
05	申请修订	通过的预案申请修订的状态，存在于预案修订页面
06	修订中	正在修订中的预案，存在于预案修订页面
07	修订待审核	修订完毕的预案，提交审核时的状态，存在于预案修订页面
08	修订未通过	修订的预案被上级部门驳回，存在于预案修订页面

(5) 预案执行模块

预案执行模块是对预案执行过程的辅助管理，基于百度地图二次开发，系统加载时自动定位到当前计算机 IP 地址所在地理位置，可以用左上角的搜索定位到指定地点。定位后，系统会以定位中心画圈(半径为 10 km)显示所有在该范围内的资源点,例如防护目标、应急队伍、危险源。单击图片可以查看简要信息,同时也可以在地图下面的表格中查看详细信息,明细表格中的记录与地图联动,可以点击查看按钮,地图将会定位到事件发生所在地。这样可以在一张地图中查看所有危险源、应急资源、应急队伍、防护目标与突发事件地理位置的坐标,方便进行应急处置。

(6) 预案演练记录模块

预案演练记录模块可以记录各部门针对某一个具体预案进行的日常演练情况,解决常规纸质记录模式不便保存的问题,同时方便上级部门检查。

第十七章　我国城镇应对巨灾能力子软件的设计与实现

针对本子课题研究目标和研究内容,制定巨灾能力评估系统的框架。根据城镇突发巨灾事件应急管理需要,该系统主要实现评估、历史、设置和分析四大功能。

(1) 评估功能

评估页面为提交一次评估的完整操作,包括全面评估和专项评估。其中,全面评估会对选择的该灾害类型的所有指标进行评分;专项评估是确认选择某个模板之后,根据模板指定的选项进行评估。评估完成后还可以生成评估报告(此功能图标显示功能暂时不完善)。该功能的所有提交操作不存在保存草稿功能,必须直接提交,所有的评估操作若需要修改分数可以在历史页面进行修改。评估的具体步骤见图 17-1。

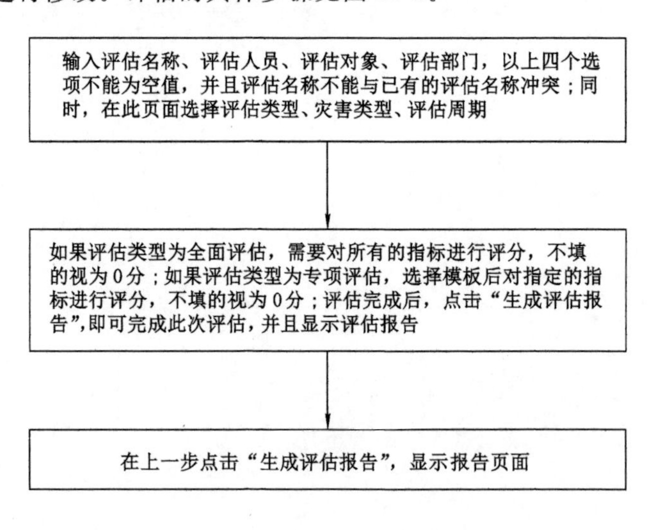

图 17-1　巨灾能力评估步骤

(2) 历史功能

历史功能显示所有已经提交过的评估,可以查看此次提交的详情内容,可以实现删除此次评估,同时可以对已经做过的评估进行修改。具体操作为:① 页面打开时会显示所有已经提交过的评估;选择不同的指标点击对应的“查询”按钮会显示不同类别的查询,点击“综合查询”会汇总您所选择的各项查询指标并显示结果;② 选择详情会展开此次评估的所有明细,您也可以在此处对您所做的评估进行修改;③ 可删除此次评估的所有内容,如果删除的是专项评估,不会删除该评估模板。

(3) 设置功能

设置功能主要是针对专项评估模板的操作,主要有添加新的专项评估模板、查看/修改/删除已有的专项评估模板等。具体菜单设计如图 17-2 所示，可选择的操作为：① 点击“添加”按钮，会提示选择灾害类型、专项评估模板名称、创建人的名称，此处各个选项均不能不填。② 点击“确认”按钮，会根据您选择的灾害类型显示出不同的指标，请选择您需要在此模板中添加的指标并且指定权重。需要注意的是，需要选择后才能填入权重。③ 点击“提交”按钮，保存该评估模板；点击“详情”按钮，可以查看该模板的所有内容。④ 去掉指标后面的按钮，您将删除模板中的该项指标；选择指标后面的按钮，您将会把该条指标加入此模板中。点击“提交”按钮，执行上面的操作。⑤ 选择表格中的“删除”按钮，会删除该项模板。

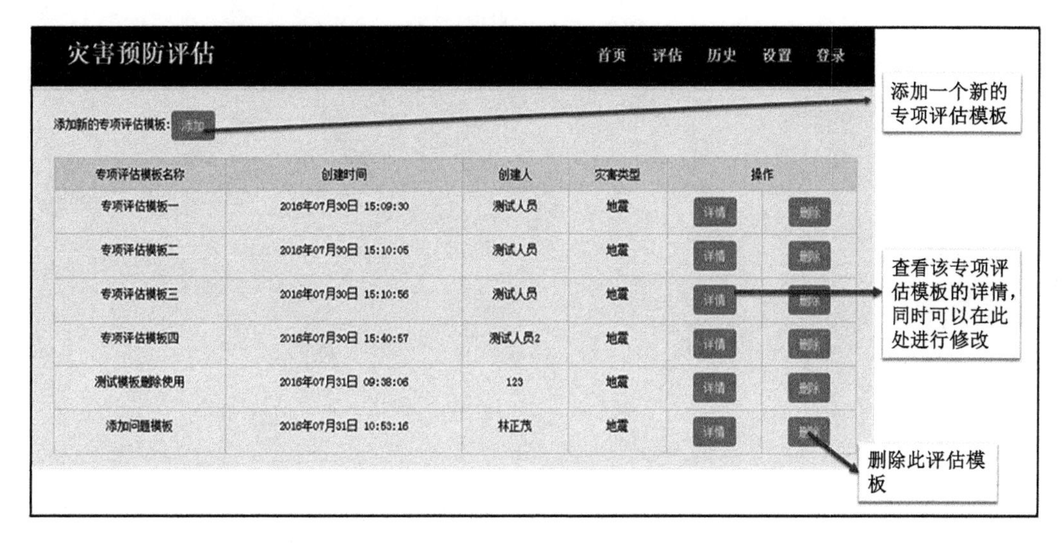

图 17-2　设置菜单设计图

(4) 分析功能

分析功能是指利用各种图表直观展示地区巨灾能力得分及情况及变动趋势。

第七篇　江阴示范区应用概况

此篇主要是研究成果的示范应用，选择江阴市作为示范区，对城镇应急管理现状进行深入调研，发现问题并给出建设性政策意见，同时对江阴市应对巨灾能力进行评估，选择典型事件进行案例分析。

第十八章　江阴示范区概况

18.1　江阴发展概况

18.1.1　人口与经济情况

目前，江阴市常住人口 164 万人，其中户籍人口 125 万人，外来人口 39 万人。截至 2016 年底，江阴市实现地区生产总值 3 083.3 亿元。按常住人口计算，人均生产总值达到 18.8 万元。全市工商登记各类企业 47 331 户，其中国有及集体控股企业 2 783 户，外商投资企业 1 156 户，私营企业 43 392 户；当年新登记各类企业 6 950 户。全市个体户共 84 989 户，其中当年新增个体户 15 396 户。

江阴市的经济构成有工业、农业、建筑业、固定资产投资、房地产市场、国内贸易、开放型经济、交通、邮电、旅游业以及财政和金融，其中以工业为主。江阴市百强企业中，三房巷集团、华西集团、海澜集团、阳光集团、兴澄特钢、新长江实业等 6 家企业集团主营业务收入超 200 亿元，法尔胜集团、双良集团、西城三联、澄星实业、远景能源、华宏实业等 6 家企业集团主营业务收入超 100 亿元，10 家企业超 50 亿元，8 家企业超 30 亿元，16 家企业超 20 亿元，28 家企业超 10 亿元。47 家工业百强企业利税总额超亿元，其中 12 家超 10 亿元。

18.1.2　自然环境情况

江阴市位于苏南沿江，总面积 987.53 km^2，其中陆地面积 811.7 km^2，水域面积 175.8 km^2，水域面积中长江水面 56.7 km^2。沿江深水岸线长达 35 km，城市建成区为 96.2 km^2。

江阴地处太湖水网平原北端，长江南部冲积平原，全境地势平缓，平均海拔 6 m 左右，西南边缘地势偏低，中部、东北部有零星低丘散布其间，地势较高亢。中部山丘多在海拔 200 m 左右，以定山 273.8 m 为最高，东北部黄山海拔 91.7 m。濒临长江，全境有干、支河流 550 余条。

江阴属于北亚热带季风性湿润气候，年平均气温 16.7 ℃，年降雨量 1 040.7 mm。四季分明，冬季阴冷潮湿，夏季较炎热，春秋季节气候宜人，是长江下游小麦、水稻等农作物的重要产地之一。

18.1.3　面临的主要风险

江阴城市发展的突发事件包括生产经营性火灾、道路交通事故、水上交通事故、环境污染和生态破坏事故、水旱灾害、气象灾害、公共卫生事件、群体性事件以及刑事案件，其中最主要的风险隐患是 3 个化工园区和危化品企业的生产安全问题。

18.2 江阴应急管理的建设概况

18.2.1 应急管理机制的建设

江阴设有专门的应急办来对各种突发事件进行协调、监督，且设有事业编 6 人，而其他县市一般设有 1～2 人或者没有专门设置编制，由此可见江阴对应急工作的重视程度。应急办每年都会投入 30 万元用于发放江阴市民应急手册，每年联合各部门与相关企业和市民举行一次大规模的应急演练，设有专项经费，并且同时邀请专家进行评估。

在突发事件发生之后，各部门领导会根据应急处置的现场情况和各组人员的到位情况，在事故后采取开会的形式进行书面报告，并给予奖励和批评。

18.2.2 应急预案体系的建设

江阴市应急预案体系建设主要包括应急预案覆盖程度、应急预案内容体系、应急预案编制体系、应急预案实施效果四个方面。总体来看，应急预案覆盖程度较高，应急预案内容体系较为完备，应急预案编制体系有待完善，应急预案实施取得一定的效果。

(1) 应急预案覆盖程度

应急预案的覆盖程度较高。总体应急预案、专项应急预案、部门应急预案、基层企事业单位应急预案，覆盖了市政府、各有关部门、基层企事业单位等各个层级，涉及事故灾难、自然灾害、公共卫生和社会安全等四大类突发事件的应急预案。据江阴日报社报道，截至 2013 年，江阴市有市级总体应急预案 1 个、市级专项应急预案 28 个、镇(街道)应急预案 17 个、村(社区)应急预案 342 个、学校应急预案 149 个，以及部门、企业应急预案 603 个，基本覆盖全市各个区域、各个领域。

(2) 应急预案内容体系

应急预案内容体系较为完备。通过书面调研和实地调研，总结各应急预案的主要内容包括总则、风险评估和应急资源调查、组织指挥系统、监测预警、信息报告与传播、应急响应、应急保障、应急预案管理等。而各类别、各层级应急预案的内容各有侧重。江阴市总体应急预案是总纲，具有政策性和指导性；各部门根据部门职责和当地实际情况有针对性地制定应急预案；各专项预案针对具体的事故类别、危险源和应急保障，侧重于专业性；基层企事业单位应急预案侧重于可操作性，以是否管用为标准，强调做什么、谁来做、怎么做、何时做、用什么资源做等具体应对措施。

(3) 应急预案编制体系

应急预案编制体系有待完善。调研发现，江阴市政府各部门应急管理机构设置有限，大部分应急管理机构性质属于事业编制，预案编制的组织结构不是很明确，编制人员的专业化程度也不是很高，不少基层单位和组织把预案编制工作外包出去。一些基层部门相关人员反映，为了应付上级检查，编制流程按照上级指示，照搬照抄其他预案。另外，预案的评估和修订工作稍有滞后，预案编制质量有待提升。

(4) 应急预案实施效果

应急预案实施取得一定的效果。应急预案制定的目的是提高预防和应对突发事件的能力，确保处置工作的高效有序，最大限度减少人员伤亡和财产损失。江阴市按照国家《突发事件应对法》的要求，积极部署应急预案制定与应用，各层级部门根据部门职责和实际情况有针对性地制定部门和专项预案，发挥了各有关部门和机构的职能作用和专业优势，完善了江阴应急预案体系，使得江阴应急管理工作取得良好成效。然而，基层单位和组织的应急预案实施效果不是很理想。据某基层企业反映，该企业应急预案文本性太强，预案编制流于形式，处置方案缺乏实际操作性，突发事件来临时企业基本不启动该应急预案。

18.2.3　应急管理平台的建设

江阴市各行政部门以及代表企业的信息系统建设水平较高，基础设施较为完善，信息系统规划也较为合理。在应急管理层面，目前的问题主要是预案数字化管理流于形式，各部门系统各自为政，应急管理业务共享较为困难，一些在建平台在未来将在统一协调、信息共享等方面发挥较大作用。

应急办作为应急管理的主要机构，没有指挥平台，其他部门（如安监局、公安局）的平台又太独立。江阴市要建设应急指挥平台，能够协调所有指挥中心，具有实际操作性：① 化学原料影响分析；② 根据天气情况判断人员转移；③ 自动生成救援措施数据。

安监局、交通局、水利局等拥有各自独立的信息管理系统。例如，安监局平台突出对企业隐患排查进行管理，不断发现、整改、消除隐患，体现企业自我管理、自查自报，在系统中体现企业的异常。督查系统、应急管理系统还不具备，指挥功能比较初步，各部门以电话下达指令的方式运行。企业录入隐患，分类、分级管理，有些企业流于形式，缺乏重大危险源企业应急预案的自动生成和启动。公安局一旦出现警情，实行三警（110、119、120）联动原则，通过单兵作战系统及车载视频系统，3G 实时传输，目前也在试点 4G 传输。一些无须 110 出警的问题，会被流转到 12345 应急指挥和社会服务平台。强调字典式预案而非文本式。联动部门（如安监、环保等）没有警务通，因此无法实行部门点对点跟踪处理视频网络化。

环保局内网中的环保数字办公系统可以查询预案，通过演练检查预案的有效性进行成绩管理。部门建立平台缺乏技术、财政的支撑，目前依附在办公自动化系统中，无法和无锡市对接。环保数字办公系统在处置突发事件时，只有基本的预案查阅功能，大段文本阅读后归纳总结形成一些主观上的判断作为突发事件的处置方案，没有办法细化成响应式的处置判断。

第十九章　江阴应对巨灾能力的评估

19.1　城镇应对巨灾能力评估框架

19.1.1　内涵

城镇应对巨灾能力是指地方政府及其协同部门在自然灾害和事故灾难事件的整个生命周期中，在监测预警、准备减缓、应急反应、恢复重建等方面所表现出来的应对和处置行为。

19.1.2　评估维度

根据地震灾害的生命周期，就应急管理的具体内容，从监测预警、准备减缓、应急反应和恢复重建四个方面来分析城镇应对巨灾能力，如图 13-2 所示。

目标层从监测预警能力、准备减缓能力、应急反应能力和恢复重建能力四个评价准则出发，综合表达城市防震减灾的总体能力。措施层是根据灾害生命周期，采取四项应对灾害的措施即监测预警、准备减缓、应急反应、恢复重建来分析城镇应对巨灾能力。指标层是采用可测的、可比的、可以获得的指标或指标群，对变量层的数量表现、强度表现等给予直接地度量，构成指标体系的最基层要素。

19.1.3　评估方法

网络层次分析法（ANP）是托马斯·塞蒂教授提出一种非独立的递阶层次结构的决策方法，该方法充分考虑了指标间的依赖性和反馈性，适用于内部存在依存和反馈关系的复杂系统，目前已在诸多评价和决策问题研究领域取得应用。

19.2　江阴环境污染事故应急能力评估典型案例

利用第十四章构建的“城镇应对巨灾能力评估指标体系”，以江阴市为例，对江阴市环境污染事故应急能力进行评估。

19.2.1　江阴环境污染事故应急能力评估指标评价标准分析

（1）监测人员职责明确性 b101

$$b101=\begin{cases}\text{有,效果很差,很不明确},0\sim0.2\\ \text{有,效果较差,较不明确},0.2\sim0.4\\ \text{有,效果一般,基本明确},0.4\sim0.6\\ \text{有,效果较好,较明确},0.6\sim0.8\\ \text{有,效果很好,很明确},0.8\sim1\end{cases}$$

(2) 监测信息共享的充分性 b102

$$b102=\begin{cases}\text{有,效果很差,很不充分},0\sim0.2\\ \text{有,效果较差,较不充分},0.2\sim0.4\\ \text{有,效果一般,基本充分},0.4\sim0.6\\ \text{有,效果较好,较充分},0.6\sim0.8\\ \text{有,效果很好,很充分},0.8\sim1\end{cases}$$

(3) 污染途径排查的有效性 b103

$$b103=\begin{cases}\text{有,效果很差,投入很少},0\sim0.2\\ \text{有,效果较差,投入较低},0.2\sim0.4\\ \text{有,效果一般,投入一般},0.4\sim0.6\\ \text{有,效果较好,投入均衡},0.6\sim0.8\\ \text{有,效果很好,投入很高},0.8\sim1\end{cases}$$

(4) 重大污染源排查的有效性 b104

$$b104=\begin{cases}\text{有,效果很差,投入很少},0\sim0.2\\ \text{有,效果较差,投入较低},0.2\sim0.4\\ \text{有,效果一般,投入一般},0.4\sim0.6\\ \text{有,效果较好,投入均衡},0.6\sim0.8\\ \text{有,效果很好,投入很高},0.8\sim1\end{cases}$$

(5) 预警信息传递的及时性 b105

$$b105=\begin{cases}\text{有,效果很差,很不及时},0\sim0.2\\ \text{有,效果较差,较不及时},0.2\sim0.4\\ \text{有,效果一般,基本及时},0.4\sim0.6\\ \text{有,效果较好,较及时},0.6\sim0.8\\ \text{有,效果很好,很及时},0.8\sim1\end{cases}$$

(6) 监测技术水平 b106

$$b106=\begin{cases}\text{有,效果很差,水平很低},0\sim0.2\\ \text{有,效果较差,水平较低},0.2\sim0.4\\ \text{有,效果一般,水平一般},0.4\sim0.6\\ \text{有,效果较好,水平较高},0.6\sim0.8\\ \text{有,效果很好,水平很高},0.8\sim1\end{cases}$$

(7) 设备监测结果的准确性 b107

$$b107=\begin{cases}\text{效果很差,很不准确,}0\sim0.2\\\text{效果较差,较不准确,}0.2\sim0.4\\\text{效果一般,基本准确,}0.4\sim0.6\\\text{效果较好,较准确,}0.6\sim0.8\\\text{效果很好,十分准确,}0.8\sim1\end{cases}$$

(8) 风险监测设备总数 b108

$$b108=\begin{cases}\text{投入很少,设备很少,}0\sim0.2\\\text{投入较低,设备较少,}0.2\sim0.4\\\text{投入一般,设备基本齐全,}0.4\sim0.6\\\text{效果较好,设备较为齐全,}0.6\sim0.8\\\text{效果很好,设备十分齐全,}0.8\sim1\end{cases}$$

(9) 监测专业人员比例 b109

$$b109=\begin{cases}\text{比例很低,}0\sim0.2\\\text{比较较低,}0.2\sim0.4\\\text{比例一般,}0.4\sim0.6\\\text{比例较高,}0.6\sim0.8\\\text{比例很高,}0.8\sim1\end{cases}$$

(10) 事故上报流程的有效性 b110

测量:事故上报的时间

$$b110=\begin{cases}0 & x\geqslant60\\\dfrac{60-x}{50} & 10<x<60\\1 & x\leqslant10\end{cases}$$

(11) 应急规章制度的完善性 b111

$$b111=\begin{cases}\text{有,很不完善,}0\sim0.2\\\text{有,较不完善,}0.2\sim0.4\\\text{有,基本完善,}0.4\sim0.6\\\text{有,较为完善,}0.6\sim0.8\\\text{有,很完善,}0.8\sim1\end{cases}$$

(12) 事前广播媒介水平 b112

$$b112=\begin{cases}\text{效果很差,水平很低,}0\sim0.2\\\text{效果较差,水平较低,}0.2\sim0.4\\\text{效果一般,水平一般,}0.4\sim0.6\\\text{效果较好,水平较高,}0.6\sim0.8\\\text{效果很好,水平很高,}0.8\sim1\end{cases}$$

(13) 应急管理组织的健全性 b113

$$b113=\begin{cases}效果很差,很不健全,0\sim0.2\\效果较差,较不健全,0.2\sim0.4\\效果一般,基本健全,0.4\sim0.6\\效果较好,较为健全,0.6\sim0.8\\效果很好,十分健全,0.8\sim1\end{cases}$$

(14) 报警程序的有效性 b114

$$b114=\begin{cases}投入很少,水平很差,0\sim0.2\\投入较低,水平较差,0.2\sim0.4\\投入一般,水平一般,0.4\sim0.6\\投入均衡,水平较高,0.6\sim0.8\\投入很高,水平很高,0.8\sim1\end{cases}$$

(15) 公众宣传和讲解能力 b201

$$b201=\begin{cases}效果很差,0\sim0.2\\效果较差,0.2\sim0.4\\效果一般,0.4\sim0.6\\效果较好,0.6\sim0.8\\效果很好,0.8\sim1\end{cases}$$

(16) 应急预案演习水平 b202

测量:预案演练次数

$$b202=\begin{cases}1 & x\geqslant1\\0 & x<1\end{cases}$$

(17) 危险源监控的有效性 b203

$$b203=\begin{cases}投入很少,效果很差,0\sim0.2\\投入较低,效果较差,0.2\sim0.4\\投入一般,效果一般,0.4\sim0.6\\投入均衡,效果较好,0.6\sim0.8\\投入很高,效果很好,0.8\sim1\end{cases}$$

(18) 应急培训频次 b204

$$b204=\begin{cases}投入很少,频次很低,0\sim0.2\\投入较低,频次较低,0.2\sim0.4\\投入一般,频次一般,0.4\sim0.6\\投入均衡,频次较高,0.6\sim0.8\\投入很高,频次很高,0.8\sim1\end{cases}$$

(19) 自救知识教育水平 b205

$$b205=\begin{cases}\text{水平很低,}0\sim0.2\\\text{水平较低,}0.2\sim0.4\\\text{水平一般,}0.4\sim0.6\\\text{水平较高,}0.6\sim0.8\\\text{水平很高,}0.8\sim1\end{cases}$$

(20) 应急专业人员总数 b206

$$b206=\begin{cases}\text{投入很少,人员很少,}0.2\\\text{投入较低,人员较少,}0.4\\\text{投入一般,人员数量一般,}0.6\\\text{投入均衡,人员较多,}0.8\\\text{投入很高,人员很多,}1\end{cases}$$

(21) 避难场所面积 b207

$$b207=\begin{cases}\text{面积很小,}0\sim0.2\\\text{面积较小,}0.2\sim0.4\\\text{面积一般,}0.4\sim0.6\\\text{面积较大,}0.6\sim0.8\\\text{面积很大,}0.8\sim1\end{cases}$$

(22) 政府应急资金投入额度 b208

$$b208=\begin{cases}\text{投入很少,}0\sim0.2\\\text{投入较低,}0.2\sim0.4\\\text{投入一般,}0.4\sim0.6\\\text{投入均衡,}0.6\sim0.8\\\text{投入很高,}0.8\sim1\end{cases}$$

(23) 应急资源储备保障 b209

$$b209=\begin{cases}\text{投入很少,保障很差,}0\sim0.2\\\text{投入较低,保障较差,}0.2\sim0.4\\\text{投入一般,保障一般,}0.4\sim0.6\\\text{投入均衡,保障较好,}0.6\sim0.8\\\text{投入很高,保障很好,}0.8\sim1\end{cases}$$

(24) 环境监督人员总数 b210

$$b210=\begin{cases}\text{人员很少,}0\sim0.2\\\text{人员较少,}0.2\sim0.4\\\text{人员数量一般,}0.4\sim0.6\\\text{人员较多,}0.6\sim0.8\\\text{人员很多,}0.8\sim1\end{cases}$$

(25) 监督人员环保知识水平 b211

$$b211=\begin{cases}\text{知识水平很差},0\sim0.2\\\text{知识水平较差},0.2\sim0.4\\\text{知识水平一般},0.4\sim0.6\\\text{知识水平较高},0.6\sim0.8\\\text{知识水平很高},0.8\sim1\end{cases}$$

(26) 交通管制水平 b212

$$b212=\begin{cases}\text{投入很少,水平很差},0\sim0.2\\\text{投入较低,水平较差},0.2\sim0.4\\\text{投入一般,水平一般},0.4\sim0.6\\\text{投入均衡,水平较高},0.6\sim0.8\\\text{投入很高,水平很高},0.8\sim1\end{cases}$$

(27) 应急管理机构覆盖率 b213

$$b213=\begin{cases}\text{投入很少,覆盖率很低},0\sim0.2\\\text{投入较低,覆盖率较低},0.2\sim0.4\\\text{投入一般,覆盖率一般},0.4\sim0.6\\\text{投入均衡,覆盖率较高},0.6\sim0.8\\\text{投入很高,覆盖率很高},0.8\sim1\end{cases}$$

(28) 应急预案覆盖率 b214

$$b214=\begin{cases}\text{投入很少,覆盖率很低},0\sim0.2\\\text{投入较低,覆盖率较低},0.2\sim0.4\\\text{投入一般,覆盖率一般},0.4\sim0.6\\\text{投入均衡,覆盖率较高},0.6\sim0.8\\\text{投入很高,覆盖率很高},0.8\sim1\end{cases}$$

(29) 区域人口密度 b215

$$b215=\begin{cases}\text{密度很低},0\sim0.2\\\text{密度较低},0.2\sim0.4\\\text{密度一般},0.4\sim0.6\\\text{密度较高},0.6\sim0.8\\\text{密度很高},0.8\sim1\end{cases}$$

(30) 组织救援撤离速度 b301

$$b301=\begin{cases}\text{撤离速度很慢},0\sim0.2\\\text{撤离速度较慢},0.2\sim0.4\\\text{撤离速度一般},0.4\sim0.6\\\text{撤离速度较快},0.6\sim0.8\\\text{撤离速度很快},0.8\sim1\end{cases}$$

(31) 事故发展趋势判断准确性 b302

$$b302=\begin{cases}\text{准确性性很低,0～0.2}\\\text{准确性较低,0.2～0.4}\\\text{准确性一般,0.4～0.6}\\\text{准确性较高,0.6～0.8}\\\text{准确性很高,0.8～1}\end{cases}$$

(32) 救援工作的针对性 b303

$$b303=\begin{cases}\text{效果很差,针对性很低,0～0.2}\\\text{效果较差,针对性较低,0.2～0.4}\\\text{效果一般,针对性一般,0.4～0.6}\\\text{效果较好,针对性较高,0.6～0.8}\\\text{效果很好,针对性很高,0.8～1}\end{cases}$$

(33) 二次灾难监测信息有效性 b304

$$b304=\begin{cases}\text{效果很差,有效性很低,0～0.2}\\\text{效果较差,有效性较低,0.2～0.4}\\\text{效果一般,有效性一般,0.4～0.6}\\\text{效果较好,有效性较高,0.6～0.8}\\\text{效果很好,有效性很高,0.8～1}\end{cases}$$

(34) 污染范围动态监测的有效性 b305

$$b305=\begin{cases}\text{效果很差,有效性很低,0～0.2}\\\text{效果较差,有效性较低,0.2～0.4}\\\text{效果一般,有效性一般,0.4～0.6}\\\text{效果较好,有效性较高,0.6～0.8}\\\text{效果很好,有效性很高,0.8～1}\end{cases}$$

(35) 事态评估的有效性 b306

$$b306=\begin{cases}\text{效果很差,有效性很低,0～0.2}\\\text{效果较差,有效性较低,0.2～0.4}\\\text{效果一般,有效性一般,0.4～0.6}\\\text{效果较好,有效性较高,0.6～0.8}\\\text{效果很好,有效性很高,0.8～1}\end{cases}$$

(36) 指挥部门与其他部门协调程度 b307

$$b307=\begin{cases}\text{效果很差,协调程度很低,0～0.2}\\\text{效果较差,协调程度较低,0.2～0.4}\\\text{效果一般,协调程度一般,0.4～0.6}\\\text{效果较好,协调程度较高,0.6～0.8}\\\text{效果很好,协调程度很高,0.8～1}\end{cases}$$

(37) 救援装备水平 b308

$$b308=\begin{cases}\text{投入很少,水平很差},0\sim0.2\\\text{投入较低,水平较差},0.2\sim0.4\\\text{投入一般,水平一般},0.4\sim0.6\\\text{投入均衡,水平较高},0.6\sim0.8\\\text{投入很高,水平很高},0.8\sim1\end{cases}$$

(38) 医疗保障能力 b309

$$b309=\begin{cases}\text{投入很少,保障能力很低},0\sim0.2\\\text{投入较低,保障能力较低},0.2\sim0.4\\\text{投入一般,保障能力一般},0.4\sim0.6\\\text{投入均衡,保障能力较强},0.6\sim0.8\\\text{投入很高,保障能力很强},0.8\sim1\end{cases}$$

(39) 应急专业人员比例 b310

$$b310=\begin{cases}\text{比例很低},0\sim0.2\\\text{比例较低},0.2\sim0.4\\\text{比例一般},0.4\sim0.6\\\text{比例较高},0.6\sim0.8\\\text{比例很高},0.8\sim1\end{cases}$$

(40) 救援物资补充速度 b311

$$b311=\begin{cases}\text{效果很差,速度很低},0\sim0.2\\\text{效果较差,速度较低},0.2\sim0.4\\\text{效果一般,速度一般},0.4\sim0.6\\\text{效果较好,速度较高},0.6\sim0.8\\\text{效果很好,速度很高},0.8\sim1\end{cases}$$

(41) 救援物资调拨速度 b312

$$b312=\begin{cases}\text{效果很差,速度很低},0\sim0.2\\\text{效果较差,速度较低},0.2\sim0.4\\\text{效果一般,速度一般},0.4\sim0.6\\\text{效果较好,速度较高},0.6\sim0.8\\\text{效果很好,速度很高},0.8\sim1\end{cases}$$

(42) 事故案例数据库的全面性 b313

$$b313=\begin{cases}\text{投入很少,很不全面},0\sim0.2\\\text{投入较低,较不全面},0.2\sim0.4\\\text{投入一般,基本全面},0.4\sim0.6\\\text{投入均衡,较为全面},0.6\sim0.8\\\text{投入很高,十分全面},0.8\sim1\end{cases}$$

(43) 决策指挥人员总数 b314

$$b314=\begin{cases}\text{人员很少},0\sim0.2\\\text{人员较少},0.2\sim0.4\\\text{人员数量一般},0.4\sim0.6\\\text{人员较多},0.6\sim0.8\\\text{人员很多},0.8\sim1\end{cases}$$

(44) 专家支持系统的有效性 b315

$$b315=\begin{cases}\text{效果很差,有效性很低},0\sim0.2\\\text{效果较差,有效性较低},0.2\sim0.4\\\text{效果一般,有效性一般},0.4\sim0.6\\\text{效果较好,有效性较高},0.6\sim0.8\\\text{效果很好,有效性很高},0.8\sim1\end{cases}$$

(45) 应急指挥技术系统覆盖率 b316

$$b316=\begin{cases}\text{投入较低,覆盖率较低},0\sim0.2\\\text{投入很少,覆盖率很低},0.2\sim0.4\\\text{投入一般,覆盖率一般},0.4\sim0.6\\\text{投入均衡,覆盖率较高},0.6\sim0.8\\\text{投入很高,覆盖率很高},0.8\sim1\end{cases}$$

(46) 卫生保障能力 b317

$$b317=\begin{cases}\text{投入很少,保障能力很低},0\sim0.2\\\text{投入较低,保障能力较低},0.2\sim0.4\\\text{投入一般,保障能力一般},0.4\sim0.6\\\text{投入均衡,保障能力较强},0.6\sim0.8\\\text{投入很高,保障能力很强},0.8\sim1\end{cases}$$

(47) 事故救援进展上报速度 b318

$$b318=\begin{cases}\text{效果很差,速度很低},0\sim0.2\\\text{效果较差,速度较低},0.2\sim0.4\\\text{效果一般,速度一般},0.4\sim0.6\\\text{效果较好,速度较高},0.6\sim0.8\\\text{效果很好,速度很高},0.8\sim1\end{cases}$$

(48) 事中广播媒介水平 b319

$$b319=\begin{cases}\text{投入很少,水平很差},0\sim0.2\\\text{投入较低,水平较差},0.2\sim0.4\\\text{投入一般,水平一般},0.4\sim0.6\\\text{投入均衡,水平较高},0.6\sim0.8\\\text{投入很高,水平很高},0.8\sim1\end{cases}$$

(49) 应急资源查询系统通畅程度 b320

$$b320=\begin{cases}\text{投入较低,畅通程度很差,}0\sim0.2\\\text{投入很少,畅通程度较差,}0.2\sim0.4\\\text{投入一般,畅通程度一般,}0.4\sim0.6\\\text{投入均衡,畅通程度较高,}0.6\sim0.8\\\text{投入很高,畅通程度很高,}0.8\sim1\end{cases}$$

(50) 应急指挥场所覆盖率 b321

$$b321=\begin{cases}\text{投入较低,覆盖率很低,}0\sim0.2\\\text{投入很少,覆盖率较低,}0.2\sim0.4\\\text{投入一般,覆盖率一般,}0.4\sim0.6\\\text{投入均衡,覆盖率较高,}0.6\sim0.8\\\text{投入很高,覆盖率很高,}0.8\sim1\end{cases}$$

(51) 既定应急制度的完善性 b322

$$b322=\begin{cases}\text{投入很少,很不完善,}0\sim0.2\\\text{投入较低,较不完善,}0.2\sim0.4\\\text{投入一般,基本完善,}0.4\sim0.6\\\text{投入均衡,较为完善,}0.6\sim0.8\\\text{投入很高,十分完善,}0.8\sim1\end{cases}$$

(52) 应急预案落实程度 b323

$$b323=\begin{cases}\text{效果很差,落实程度很低,}0\sim0.2\\\text{效果较差,落实程度较低,}0.2\sim0.4\\\text{效果一般,落实程度一般,}0.4\sim0.6\\\text{效果较好,落实程度较高,}0.6\sim0.8\\\text{效果很好,落实程度很高,}0.8\sim1\end{cases}$$

(53) 事故发展趋势分析的有效性 b401

$$b401=\begin{cases}\text{效果很差,有效性很低,}0\sim0.2\\\text{效果较差,有效性较低,}0.2\sim0.4\\\text{效果一般,有效性一般,}0.4\sim0.6\\\text{效果较好,有效性较高,}0.6\sim0.8\\\text{效果很好,有效性很高,}0.8\sim1\end{cases}$$

(54) 伤亡人员统计 b402

$$b402=\begin{cases}\text{统计效果很差,}0\sim0.2\\\text{统计效果较差,}0.2\sim0.4\\\text{统计效果一般,}0.4\sim0.6\\\text{统计效果较好 }0.6\sim0.8\\\text{统计效果很好,}0.8\sim1\end{cases}$$

(55) 事故发生机理总结能力 b403

$$b403=\begin{cases}\text{总结能力很低},0\sim0.2\\ \text{总结能力较低},0.2\sim0.4\\ \text{总结能力一般},0.4\sim0.6\\ \text{总结能力较强},0.6\sim0.8\\ \text{总结能力很强},0.8\sim1\end{cases}$$

(56) 事故损失调查评估 b404

$$b404=\begin{cases}\text{评估效果很差},0\sim0.2\\ \text{评估效果较差},0.2\sim0.4\\ \text{评估效果一般},0.4\sim0.6\\ \text{评估效果较好},0.6\sim0.8\\ \text{评估效果很好},0.8\sim1\end{cases}$$

(57) 事故责任的落实程度 b405

$$b405=\begin{cases}\text{效果很差,落实程度很低},0\sim0.2\\ \text{效果较差,落实程度较低},0.2\sim0.4\\ \text{效果一般,落实程度一般},0.4\sim0.6\\ \text{效果较好,落实程度较高},0.6\sim0.8\\ \text{效果很好,落实程度很高},0.8\sim1\end{cases}$$

(58) 资源整合能力 b406

$$b406=\begin{cases}\text{整合能力很低},0\sim0.2\\ \text{整合能力较低},0.2\sim0.4\\ \text{整合能力一般},0.4\sim0.6\\ \text{整合能力较强},0.6\sim0.8\\ \text{整合能力很强},0.8\sim1\end{cases}$$

(59) 管理控制的水平 b407

$$b407=\begin{cases}\text{水平很差},0\sim0.2\\ \text{水平较差},0.2\sim0.4\\ \text{水平一般},0.4\sim0.6\\ \text{水平较高},0.6\sim0.8\\ \text{水平很高},0.8\sim1\end{cases}$$

(60) 资金储蓄水平 b408

$$b408=\begin{cases}\text{水平很差},0\sim0.2\\ \text{水平较差},0.2\sim0.4\\ \text{水平一般},0.4\sim0.6\\ \text{水平较高},0.6\sim0.8\\ \text{水平很高},0.8\sim1\end{cases}$$

(61) 社会保险与救助的有效性 b409

$$b409=\begin{cases}\text{效果很差,有效性很低,}0\sim0.2\\ \text{效果较差,有效性较低,}0.2\sim0.4\\ \text{效果一般,有效性一般,}0.4\sim0.6\\ \text{效果较好,有效性较高,}0.6\sim0.8\\ \text{效果很好,有效性很高,}0.8\sim1\end{cases}$$

(62) 资金使用审核系统的全面性 b410

$$b410=\begin{cases}\text{效果很差,很不全面,}0.2\\ \text{效果较差,较不全面,}0.4\\ \text{效果一般,基本全面,}0.6\\ \text{效果较好,较为全面,}0.8\\ \text{效果很好,十分全面,}1\end{cases}$$

(63) 心理咨询救助站设立的有效性 b411

$$b411=\begin{cases}\text{效果很差,有效性很低,}0\sim0.2\\ \text{效果较差,有效性较低,}0.2\sim0.4\\ \text{效果一般,有效性一般,}0.4\sim0.6\\ \text{效果较好,有效性较高,}0.6\sim0.8\\ \text{效果很好,有效性很高,}0.8\sim1\end{cases}$$

(64) 政府投入机制的长效性 b412

$$b412=\begin{cases}\text{投入很少,长效性很差,}0\sim0.2\\ \text{投入较低,长效性较差,}0.2\sim0.4\\ \text{投入一般,长效性一般,}0.4\sim0.6\\ \text{投入均衡,长效性较好,}0.6\sim0.8\\ \text{投入很高,长效性很好,}0.8\sim1\end{cases}$$

(65) 与政府、非政府组织机构关系维持 b413

$$b413=\begin{cases}\text{维持效果很差,}0\sim0.2\\ \text{维持效果较差,}0.2\sim0.4\\ \text{维持效果一般,}0.4\sim0.6\\ \text{维持效果较好,}0.6\sim0.8\\ \text{维持效果很好,}0.8\sim1\end{cases}$$

(66) 信息反馈系统的完善性 b414

$$b414=\begin{cases}\text{投入很少,很不完善,}0\sim0.2\\ \text{投入较低,较不完善,}0.2\sim0.4\\ \text{投入一般,基本完善,}0.4\sim0.6\\ \text{投入均衡,较为完善,}0.6\sim0.8\\ \text{投入很高,十分完善,}0.8\sim1\end{cases}$$

(67) 监管部门监督防范实权落实程度 b415

$$b415=\begin{cases}\text{效果很差,落实程度很低,}0\sim0.2\\\text{效果较差,落实程度较低,}0.2\sim0.4\\\text{效果一般,落实程度一般,}0.4\sim0.6\\\text{效果较好,落实程度较高,}0.6\sim0.8\\\text{效果很好,落实程度很高,}0.8\sim1\end{cases}$$

(68) 水、电、气等修复程度 b416

$$b416=\begin{cases}\text{投入很少,修复程度很低,}0\sim0.2\\\text{投入较低,修复程度较低,}0.2\sim0.4\\\text{投入一般,修复程度一般,}0.4\sim0.6\\\text{投入均衡,修复程度较高,}0.6\sim0.8\\\text{投入很高,修复程度很高,}0.8\sim1\end{cases}$$

19.2.2 评估结果

通过对江阴市的实地调研、文献调查研究以及城镇演练总结和经验,充分借鉴《国家突发环境事件应急预案》《突发环境事件应急管理办法》《突发事件应对法》等国家法律法规和已有研究成果,得到江阴市环境污染应急能力评估指标的原始数据,并将数据代入上述评价函数,得到结果如表 19-1 所列。

表 19-1　　江阴市环境应急能力评估指标原始数据

三级指标	原始数据	得分
监测人员职责明确性 b101	有,效果一般,基本明确	0.5
监测信息共享的充分性 b102	有,效果较好,较充分	0.8
污染途径排查的有效性 b103	有,效果较好,投入均衡	0.8
重大污染源排查的有效性 b104	有,效果很好,投入很高	1
预警信息传递的及时性 b105	有,效果较好,较及时	0.8
监测技术水平 b106	有,效果较好,水平较高	0.8
设备监测结果的准确性 b107	效果较好,较为准确	0.8
风险监测设备总数 b108	效果很好,设备十分齐全	1
监测专业人员比例 b109	比例一般	0.6
事故上报流程的有效性 b110	效果一般,基本健全	0.6
应急规章制度的完善性 b111	有,很完善	1
事前广播媒介水平 b112	效果一般,水平一般	0.6
应急管理组织的健全性 b113	效果一般,基本健全	0.5
报警程序的有效性 b114	投入均衡,水平较高	0.8

续表 19-1

三级指标	原始数据	得分
公众宣传和讲解能力 b201	效果很好	1
应急预案演习水平 b202	每年至少一次	0.9
危险源监控的有效性 b203	投入均衡,效果较好	0.8
应急培训频次 b204	投入很高,频次很高	1
自救知识教育水平 b205	水平较高	0.8
应急专业人员总数 b206	投入均衡,人员较多	0.8
避难场所面积 b207	面积一般	0.6
政府应急资金投入额度 b208	投入很高	1
应急资源储备保障 b209	投入一般,保障一般	0.6
环境监督人员总数 b210	人员较多	0.8
监督人员环保知识水平 b211	知识水平较高	0.8
交通管制水平 b212	投入很高,水平很高	1
应急管理机构覆盖率 b213	投入很高,覆盖率很高	1
应急预案覆盖率 b214	投入很高,覆盖率很高	1
区域人口密度 b215	密度一般	0.6
组织救援撤离速度 b301	撤离速度较快	0.8
事故发展趋势判断准确性 b302	准确性一般	0.6
救援工作的针对性 b303	效果很好,针对性很高	1
二次灾难监测信息有效性 b304	效果一般,有效性一般	0.6
污染范围动态监测的有效性 b305	效果较好,有效性较高	0.8
事态评估的有效性 b306	效果很好,有效性很高	1
指挥部门与其他部门协调程度 b307	效果较好,协调程度较高	0.8
救援装备水平 b308	投入均衡,水平较高	0.8
医疗保障能力 b309	投入均衡,保障能力较强	0.8
应急专业人员比例 b310	比例较高	0.8
救援物资补充速度 b311	效果很好,速度很高	1
救援物资调拨速度 b312	效果很好,速度很高	1
事故案例数据库的全面性 b313	投入均衡,较为全面	0.8
决策指挥人员总数 b314	人员较多	0.8
专家支持系统的有效性 b315	效果一般,有效性一般	0.6

续表 19-1

三级指标	原始数据	得分
应急指挥技术系统覆盖率 b316	投入一般，覆盖率一般	0.6
卫生保障能力 b317	投入均衡，保障能力较强	0.8
事故救援进展上报速度 b318	效果很好，速度很高	1
事中广播媒介水平 b319	投入很高，水平很高	0.8
应急资源查询系统通畅程度 b320	投入均衡，畅通程度较高	0.8
应急指挥场所覆盖率 b321	投入均衡，覆盖率较高	0.6
既定应急制度的完善性 b322	投入均衡，较为完善	0.8
应急预案落实程度 b323	效果一般，落实程度一般	0.6
事故发展趋势分析的有效性 b401	效果一般，有效性一般	0.6
伤亡人员统计 b402	统计效果很好	1
事故发生机理总结能力 b403	总结能力很强	1
事故损失调查评估 b404	评估效果较好	0.8
事故责任的落实程度 b405	效果很好，落实程度很高	1
资源整合能力 b406	整合能力较强	0.8
管理控制的水平 b407	水平较高	0.8
资金储蓄水平 b408	水平较高	0.8
社会保险与救助的有效性 b409	效果较好，有效性较高	0.8
资金使用审核系统的全面性 b410	效果很好，十分全面	1
心理咨询救助站设立的有效性 b411	效果一般，有效性一般	0.4
政府投入机制的长效性 b412	投入均衡，长效性较好	0.8
与政府、非政府组织机构关系维持 b413	维持效果较好	0.8
信息反馈系统的完善性 b414	投入均衡，较为完善	0.8
监管部门监督防范实权落实程度 b415	效果较好，落实程度较高	0.7
水、电、气等修复程度 b416	投入很高，修复程度很高	1

根据计算所得三级指标权重乘以由原始数据评估出的得分，再将二级指标包含的三级指标所得乘积相加乘以相应二级级指标权重，最后将相应的二级指标乘积相加，即得到生命周期里不同时期的应急能力评估综合得分，计算结果如表 19-2 所列。

表 19-2　　应急能力评估综合得分

三级指标权重	评估分数	二级指标权重	二级指标得分	一级指标得分
b101(0.007 2)	0.5	0.357 8	0.816 825	0.782 15
b102(0.107 1)	0.8			
b103(0.041 5)	0.8			
b104(0.040 9)	1			
b105(0.161 1)	0.8			
b106(0.078 2)	0.8	0.284 6	0.826 704	
b107(0.132 6)	0.8			
b108(0.055 9)	1			
b109(0.017 9)	0.6			
b110(0.079 6)	0.6	0.357 6	0.711 997	
b111(0.057 1)	1			
b112(0.081 9)	0.6			
b113(0.035 3)	0.5			
b114(0.103 7)	0.8			
b201(0.037 9)	1	0.374 5	0.808 745	0.811 775
b202(0.183 9)	0.9			
b203(0.078 7)	0.8			
b204(0.050 8)	1			
b205(0.023 2)	0.8			
b206(0.074 1)	0.8	0.318 5	0.604 144	
b207(0.057 3)	0.6			
b208(0.078 1)	1			
b209(0.083 9)	0.6			
b210(0.025 1)	0.8			
b211(0.030 6)	0.8	0.309 6	0.950 39	
b212(0.142 9)	1			
b213(0.076 7)	1			
b214(0.056 8)	1			
b215(0.002 6)	0.6			

续表 19-2

三级指标权重	评估分数	二级权重	二级指标得分	一级指标得分
b301(0.131 5)	0.8	0.373 9	0.820 861	0.770 46
b302(0.036 1)	0.6			
b303(0.037 5)	1			
b304(0.013 3)	0.6			
b305(0.024 2)	0.8			
b306(0.050 9)	1			
b307(0.080 4)	0.8			
b308(0.009 2)	0.8	0.301 5	0.751 509	
b309(0.009 7)	0.8			
b310(0.020 8)	0.8			
b311(0.024 9)	1			
b312(0.007 3)	1			
b313(0.056 5)	0.8			
b314(0.067 8)	0.8			
b315(0.056 9)	0.6			
b316(0.048 4)	0.6			
b317(0.008 2)	0.8	0.324 6	0.730 006	
b318(0.009 2)	1			
b319(0.066 1)	0.8			
b320(0.061 6)	0.8			
b321(0.064 2)	0.6			
b322(0.056 7)	0.8			
b323(0.058 6)	0.6			
b401(0.020 7)	0.6	0.534 8	0.853 74	0.820 1
b402(0.028 1)	1			
b403(0.019)	1			
b404(0.108 9)	0.8			
b405(0.117 3)	1			
b406(0.118 6)	0.8			
b407(0.122 2)	0.8			
b408(0.070 7)	0.8	0.309 9	0.785 737	
b409(0.107 4)	0.8			
b410(0.080 5)	1			
b411(0.051 3)	0.4			
b412(0.046 1)	0.8	0.155 3	0.772 827	
b413(0.008 4)	0.8			
b414(0.032 5)	0.8			
b415(0.059 6)	0.7			
b416(0.008 7)	1			

19.2.3　评估结果分析

表19-2数据结果显示，江阴的环境污染监测预警能力综合评分为0.782 15、准备减缓能力综合评分为0.811 775、应急反应能力综合评分为0.770 46、恢复重建能力综合评分为0.820 1。其中，准备减缓与恢复重建能力综合评分在0.8以上，评估为良好，而监测预警能力以及应急反应能力综合评分稍稍低于0.8，评估结果为一般稍好。

进一步分析可以发现，从二级指标评估得分可以看出，在监测预警能力下，组织协调能力和资源保障能力两者评估得分均在0.8以上，而环境支撑能力评估得分只有0.711997。从环境支撑能力的三级指标来看，事故上报流程的有效性b110、事前广播媒介水平b112、应急管理组织的健全性b113三者指标得分为0.5～0.6，为一般，说明江阴在突发环境事件事故上报流程上效率不高、相关媒介投入不高，因此很可能错失事故处理的最佳时期。江阴虽设有应急办，但应急办职能并不完善，一般在事故发生后从各部门抽取人员组成临时应急小组，等事故结束后该组人员便回到原先岗位，而应急办人员则辅佐应急小组工作，突发事件的相关资料则存档于各部门，因此江阴的应急管理组织健全性并不完善。在准备减缓能力下，资源保障能力综合得分仅为0.604 144，评估得分为一般。该二级指标的权重为0.318 5，小于组织协调能力和环境支撑能力，说明对于突发环境污染事故的准备减缓阶段，资源保障能力与其他两者相比重要度较小。对应的三级指标中，应急资源储备保障b209得分为0.6，说明江阴在该方面准备不充分。江阴土地面积小，人口众多，城镇建筑物紧密，相应的可作为避难场所的公园等地区较少，承载能力较弱。应急资源储备保障得分一般说明江阴缺少专业的设备和充足的物资。应急反应能力下，资源保障能力及环境支撑能力两者的得分均低于0.8。从相应三级指标的得分来看，只有专家支持系统的有效性b315、应急指挥技术系统覆盖率b316、应急指挥场所覆盖率b321和应急预案落实程度b323的得分为0.6，其余均在0.8以上，因此评估得分较低主要是因为这两部分的权重较低，没有组织协调重要。环境污染事故与地震等突发事件不同，污染最重要在于针对污染本身的治理，可能发生该事件的地区一般不会有大量居民居住，因此相较于无论何时都最重要的组织救援撤离速度和指挥部门与其他部门协调程度，事态评估的有效性也很重要(权重为0.509)。在恢复重建能力下，从二级指标综合评分来看，组织协调能力得分在0.85以上，权重为0.534 8，高于资源保障能力权重0.309 9和环境支撑能力0.1553。从三级指标来看，事故损失调查评估b404、事故责任的落实程度b405、资源整合能力b406和管理控制的水平b407四个指标的权重均在0.1以上，说明这四个指标在恢复重建阶段很重要，应给予足够的重视。江阴这四个指标的得分均在0.8以上，因此江阴在该方面的工作做得很好。但是也有个别得分较低，如心理咨询救助站设立的有效性b411得分仅为0.4。由于江阴的环境污染事故不频繁，没有造成恐慌，所以该城镇对于灾后的心理重建没有给予足够的重视。

19.3　对策与建议

根据对评估结果的分析，江阴对突发环境污染事故的应急能力整体较高，部分方面稍显薄弱。如何加强对突发性环境污染事故的预防，完善应急反应措施，提高事故处理能力，规范事后管理工作，已成为当前环境保护领域一项非常重要的课题。针对江阴市突发环境污染事故应急能力综合评分给出以下几条建议。

(1) 建立健全安全生产管理体系

突发性环境污染事故多发生在从事相关生产的企业。安全生产管理体系是企业的重要组成部分,企业应从以下几个方面建立健全安全生产管理体系:① 加强安全意识,突出安全工作的基础地位;② 加强对现场主要设备的监控检查,定期对危险源进行检测、评估、监控,有针对性地采取措施对危险源进行控制管理,建立巡检制度并严格执行;③ 推广新技术应用,提高安全管理水平;④ 加强对职工的安全教育和培训。

(2) 加强环境风险排查整治

针对我国突发性环境污染事故类型多元化的特点,有关部门和单位应该加强对各行业风险源的排查,对重点污染企业、污水处理厂、危险化学品企业、重金属采选冶炼加工企业、尾矿库、近江生产作业的污染风险或安全隐患进行排查,还要重视对重点河流、重要湖库、集中式地表饮用水水源地等存在的环境风险隐患的排查。

(3) 加强环境风险预警体系建设

针对江阴的环境风险现状,需要建立和完善相应的环境风险预警体系,提高专业监测人员比例,增加专业设备和应急物资的储备量,以最大限度规避环境风险事件所产生的生态环境质量损害及其社会风险,全面提高社会处置突发性环境污染事故的能力。

(4) 完善应急体系,提高应急能力

为防止突发性环境污染事故的发生,并把事故的不利影响降至最低,建立和完善符合该城镇情况的环境污染事故应急体系是非常必要的。环境污染事故应急体系的主要内容应包括完善联动应急机制、加强应急监测能力、加强应急处置能力等方面。

(5) 加强环境监督管理力度

首先,应完善环境行政执法体制,加大对环境违法行为的打击力度,从根本上扭转环境守法成本高于违法成本的局面。其次,企业应加强环保意识,增强环保投入,全面提高自身的事故预防能力和防控能力,从根本上杜绝环境污染事故的发生。最后,要对重点企业加强环境监督管理力度,对高风险企业严格履行环评审批手续,加强对高风险企业的日常监督管理,对其环保设施的运行情况、环保措施的落实情况进行定期检查。

第二十章　江阴管理体制、机制、法制建设的政策建议

20.1　应急管理体制方面的政策建议

20.1.1　强化应急管理机构的职能

调研表明，应急办缺少调动资源的实际能力，直接降低了政府各部门在应急响应方面的分工、协调、衔接、联动等水平。且应急办没有专门的综合应急平台，各部门网络平台兼容性不高，应急办的控制指挥权无法迅速、有效地付诸行动。这就要求首先落实应急办的编制问题，解决人的问题。其次还要确立应急办的组织协调和指挥控制的职能属性，确保事件发生时能够尽快地整合资源，各部门之间进行有效的协调合作。

20.1.2　明确应急管理过程中各部门的权责体系

职责分工不明确，直接影响部门之间的协同，也影响应急资源的整合水平，例如如何整合部门资源和社会资源，如何建立部门联动和区域合作，以及由哪个部门来统筹等，相关部门在应急职责上既有交叉重叠又有空白，缺乏规范的程序和制度约束，导致应急响应缺乏联动性、协调性。因此，务必在全市范围内建立应急管理指挥体系，明确各相关部门的职能及其需要承担的责任，以便应急响应的时候应急救援能够有条不紊地进行；同时每个部门肩上背负的责任可以有效督促工作的高效开展。

20.1.3　改善应急管理专业人才的理念和技能

管理理念影响着管理者处置突发事件的效果。政府机构作为城镇应急预案响应和现场处置的主体，要转变观念，正确评估自身的应急能力，系统分析风险和应急资源，切勿觉得突发事件是小概率事件而不予以重视。同时，应该重视应急预案编制专业人员、复合型应急人才、灾害风险评估人才、监测预警人员和专业应急救援人员、恢复与重建等专业人才的培养。因为专业队伍人员的素质比较低下，很大程度会影响城镇应对突发事件的效果，无法充分发挥其处理危机能力和应变救援能力。

20.2 应急管理机制方面的政策建议

20.2.1 完善风险评估工作

总体而言，我国应急预案大多属于“纲领性、宣言性”的文件。应急预案本质上应是基于危险源辨识和风险评估的应对方案，必须建立在风险评估基础之上才能有的放矢。目前突发事件发生的随机性和差异性通常较大，而应急预案普遍过于原则性，缺少预见性，没能通过情景分析提前对小概率突发事件及其演化机制细节提出响应措施，导致编制出来的应急预案缺乏针对性。政府应该制定并推广国家分行业危险有害因素辨识标准，帮助基层企业迅速找到自身危险有害因素，明确基层企业风险评估，制定现场处置方案和编制企业应急预案。

20.2.2 健全预案修订机制

由于突发事件的种类较多，部分应急预案修订周期较长，城镇应急预案体系中四大类突发应急事件，尤其是公共卫生和社会安全事件，缺少相应的修订机制，不能随着周围环境的变化及时调整。一些部门和单位将编制预案当成任务，在应急管理中仍然按照经验办事，不能及时发现应急预案中的问题，以致不能如实修订现有预案。政府应该对应急预案的修订提出明确要求，确保信息及时更新。

20.2.3 建立预案评估机制

目前，我国应急预案的演练与评估遵循“属地负责、分级响应”的基本原则，预案协同已成为应急预案编制的重要课题，但应急预案脱节和衔接困难的问题仍不断出现。从预案编制部门来看，总体预案和多数专项预案一般是由政府机构编制，部门预案是由政府机构以外的有关部门编制，难免会出现部分专项预案和单项预案存在冲突；同时，各预案制定的时间存在差异，部分同类单项预案的适用范围与内容存在交叉，各预案之间的协同性较差。编制流程中协同性检验环节的缺失，直接带来各机构应急响应行动级别和执行力度的差异，进而导致应急处置措施的协同性降低。完善应急演练制度，组织开展人员参与广泛、处置联动性强的应急演练，建立预案评估制度，根据演练评估应急预案，以加强应急预案的动态管理。

20.3 应急管理法制方面的政策建议

从整体来看，我国应急预案体系构建过程的一个明显特征为“立法滞后、预案先行”，大部分城镇的应急预案都是依据上级文件要求编制，预案体系结构与行政层级结构完全同构，但立法滞后，地方政府应急办成立普遍晚于总体预案和主要专项预案的形成，这种配套法律法规体系的制度缺失，导致作为应急管理核心的综合协调机制的建立也晚于总体预案和主要专项预案的形成，应急预案体系在修订和评估过程中，难以避免会出现地方政府部门独立编制预案，既缺乏与其他具有相关应急响应职责的同级政府部门的协同，也缺乏与企业和社会的协同。此外,法律依据的缺失直接导致了“属地管理为主”的落实困难,使得城镇应急预案更倾向于与上级部门的预案体系保持衔接,对各应急部门的职责分工不清晰,容易脱离本地实际。

这就要求应急管理法制建设要做到以下三点:

(1) 应急预案在制定过程中,要注意法律法规之间的配套性和衔接性,形成较为系统的应急法律体系。

(2) 规范现有应急管理法律法规。通过修订法律法规或进行法律法规解释等手段,消除法律法规之间的不统一,打破地方、部门利益的局限性,实现应急管理法律体系的统一协调。

(3) 强化应急教育并将其纳入中小学日常教育体系,且在形式、内容、数量等方面可以考虑以制度的形式进行规范。

第二十一章　江阴应急预案的建设示范

21.1　预案建设过程中的几个重大问题

（1）对于预案内涵定位是涵盖整个应急管理全过程还是重点针对应急响应过程不统一

对预案应规范的环节认识不一致。有人认为，应学习借鉴美国、日本等先进的应急理念，应急预案应当贯穿应急管理的全过程，包括预防与应急准备、监测与预警、应急处置与救援、事后恢复与重建等环节的内容。也有人认为，应急预案仅应定位于事后的应对工作方案，侧重规范应急响应措施。对预案的理解不一致导致不同地区预案编制内容存在较大差别。

结合我国国情，并借鉴国外成功经验，标准中建议预案应重点规范事后的应对工作，并做到适当向前、向后延伸。向前延伸的标准是看是否会导致事件的即将发生。例如，当发布突发事件预警后，可能受影响的部门和单位就要启动应急预案，从而将预警后的相关措施纳入预案内容；而对于日常加强巡检、房屋加固等突发事件日常预防方面的内容，则不宜列为预案规范的内容。向后延伸主要是指必要的应急恢复，如道路、桥梁等基础设施的应急修复等。长期的灾后重建则被纳入常态管理，不作为预案规范的内容。

（2）如何解决不同层级预案间上下一般粗、体系性重复的问题

不同规模等级的城市间结构和特点各异，导致应急管理水平和应急人员素养差异很大，对应不同层级城市间的应急预案也应有所区别和侧重，高层级城市预案更多地体现对所辖下级区域预案的宏观指导性，而低层级城市预案更着重体现基层的处置职能。因此，本标准提出应急预案模块化结构的构思，将应急预案内容进行标准化分解，具体划分为风险评估、组织指挥体系、监测预警、信息传递要求、先期处置、应急响应、应急保障等基本要素模块，针对指导性应急预案以及体现处置职能的应急预案这两个级别，在预案编制时结合自身预案特点选择所需的基本要素模块进行自由组合，形成满足不同层级城市的应急预案，有效避免了体系性重复。其中，指导性应急预案是总体层面的应对行动，体现对下级的指导性，在预案中应重点规范风险评估、信息传递要求、监测预警、应急响应的流程和应急资源保障；而体现处置职能的应急预案强调可操作性，其应根据行政体制、地区经济条件、现有管理经验和行业惯例，以有利于快速处置为原则，重点规范预警响应和应急响应的分级处置措施，且应与指导性应急预案的风险评估结果和应急资源保障相匹配。

（3）如何对物资、队伍等应急资源进行有效管理

应急资源的管理重点与核心是对物资和队伍进行有效管理。物资、队伍等资源种类繁多，且分属于不同专业部门，管理协调显得非常复杂，需要考虑以下问题：① 人员队伍可以看成是有生命力的特殊物资，在应急响应过程中首要保障应急救援人员的自身安全。② 应急资源在应急响应中逐渐被消耗，例如救援人员体力消耗需要通过饮食、休息来补充，因此，如何对应急资源进行恢复也是需要考虑的。③ 虽然我国成立了国家应急管理人员培训基地，专门开展应急管理专业化培训，但是对象主要针对领导干部和应急管理师；与国外相比，我国整个应急培训系统目前仍不完善，针对性和系统性不强。④ 我国条块分割的管理体制使得应急物资的资源基本呈现“各自为政，各自为战”局面，未能得到有效整合，表现为物资布局不合理、信息共享程度差。

通过借鉴国外先进成功经验，并结合我国目前应急发展刚刚起步不久、很多条件还不成熟的实际情况，针对应急物资和应急队伍提出如下要求：① 针对应急物资管理，建议从分类管理、标准化程序以及检查等方面进行系统管理。首先，通过分类管理将物资分为核心和非核心物资；其次，通过标准化的程序对物资的储存、调运、补充、淘汰和补偿等环节进行规范；最后，通过目录管理对物资的数量、质量和清单与库存的一致性等方面进行检查以确保物资的落实到位，有条件的地方可自行探索基于二维条码等高新信息技术对物资进行有效管理。② 针对应急队伍的管理，建议从分类管理、调动程序、培训与资质以及后勤保障等方面进行系统管理。首先，将队伍分为队长/指挥、核心人员和非核心人员；其次，通过调动程序明确队伍的负责人/联系人和运输/开赴方式；再次，增加对培训、资质的要求以提高队伍的综合素质和应急保障能力，针对指挥官和应急核心骨干的能力要求进行实战指挥和专业技能方面的培训，并通过加入专业资格和认证标准的要求以有效提升救援人员的专业素质和能力；最后，需要强调饮食和休息等为整个应急队伍提供后勤保障。

21.2　预案建设的主要工作过程

（1）国外综合应急管理体系背景研究

飓风多发的美国和地震频发的日本，是较早开展城市应急管理建设的国家，并且已形成了一套较为完善的应急管理综合体系，对我国应急预案的编制具有十分重要的借鉴意义。为系统了解美国和日本等国家先进应急管理的体系结构，课题组通过检索相关文献、查阅资料、案例追踪研究等方法对美国和日本应急管理的发展历程、组织架构、运行机制、法制规范以及预案体系等内容进行了重点研究。

为了探究美国应急管理体系演变发展历程，同时对比我国应急管理现状以吸取经验教训，研制小组首先聚焦了其历史过程中的几个重要发展阶段：1970 年 9 月加利福尼亚州的森林大火暴露出了因缺乏统一的专业术语、管理理念和通信系统而导致应急救援过程中指挥协调混乱，通过灾后反思，加州森林消防局、洛杉矶市消防局以及美国农业部林业局等 7 家单位联合组建突发事件指挥系统，该系统确定了各参与救援单位的构成与职责，并将设施、装备、人员、程序和通信等集成形成统一的应急管理机制；之后，为明确各级政府间救助责任和救援程序，强调减灾和准备的重要性，联邦政府于1992年发布了《联邦应急响应计划》作为应急响应的操作性文件；紧接着，随着“9·11”恐怖袭击事件以及卡特里娜飓风暴露出应急操作性文件在实施过程中存在的一些重大问题与缺陷，《联邦应急响应计划》逐渐演变为《国家应急响应计划》，并最终完善为《国家应急反应框架》；另外，为使各级政府高效率、有实效和协同一致地进行应急管理，国土安全部于2004年专门配套操作性文件出台了《国家突发事件管理系统》。

其次，为进一步深入系统地了解美国应急预案体系，更好地吸收借鉴其中的成功经验，研制小组重点分析研究了美国应急管理中两个核心文件——《国家应急反应框架》和《国家突发事件管理系统》。其中，《国家应急反应框架》描述了国家层面应急主要角色的职能、开展联合行动时的工作结构以及对于计划制度的安排等框架性要求，具体由核心文件、应急支持功能附件、支持附件、突发事件附件和合作伙伴指南组成；而《国家突发事件管理系统》则规定了标准化的应急响应指挥和管理结构及应急管理方法，并为全国的应急响应提供了统一模板，具体分为准备、通信管理、资源管理、指挥管理和实时管理维护5个部分。

再次，为进一步深入思考和理解美国应急管理中的先进理念和成功做法在实践中的具体应用过程，研制小组对美国2012年发生的桑迪飓风进行案例跟踪以研究其“分级响应、属地为主”应急机制。美国主要由各地方政府承担应急响应现场指挥职责，当突发事件的严重程度超出当地处理能力时，地方政府逐级向州、联邦政府逐级请求正式援助后启动对应级别的州级、国家级应急响应，但即使启动了高级别的应急响应，上级政府也仅负责在资源上对地方政府的应急响应提供援助，但应急响应的指挥权仍归地方政府。

为了系统了解日本应急管理的立法、组织体系、体制机制以及灾害应对过程管理等，研制小组主要研究了日本《灾害对策基本法》中文翻译稿、《日本灾害对策体制》等应急管理学术著作和顾林生、刘铁民等相关20余篇学术论文。在研究过程中了解到：《灾害对策基本法》是日本防灾减灾的核心法律和最高法律，其推进了综合性防灾行政体制的建立，使日本的防灾救灾工作纳入了各级政府的行政规划之中，并明确了国家和地方政府对于巨大灾难的财政援助的方式和方法；应急组织体系则将政府分为中央、都道府县、市町村三级制，各级政府在平时召开灾害应对会议，并在灾害发生时，成立相应的灾害对策本部；体制机制主要是设立专门的“危机管理总监”或“防灾总监”或“危机管理主管”专门对突发事件进行统一管理；灾害应对过程管理分成灾害预防、灾害应急对策、灾后复原3个环节，要求每一个环节均有相应的应对措施。

(2) 我国应急管理现状研究

本阶段与前一阶段交叉进行，主要是为了系统调研我国目前多类别、多层级的预案体系结构，并了解国内应急管理现状。研制小组组织召开了研讨会议，与相关行业管理部门、企事业单位专家进行了面对面的交流，建立了固定的专家联系网，并就本标准中应急响应过程要求中的分级响应流程、分级响应措施等进行了深入探讨。

随后，标准研制小组继续开展网上、实地、电话、座谈会、研讨会等方式调研，进一步了解不同类别突发事件专项及部门预案具体情况，并进行了详细的分析和对比，对其中的重要信息进行提炼、归纳。

调研发现，尽管我国应急预案体系在结构、质量和管理上都取得了很大成效，但仍存在以下一些问题：基层应急力量不足，预案同质化明显；部门职能罗列，预案融合度较小；分级响应机制与实际操作脱节；应急队伍自身缺乏安全保护，社会救援队伍管理不规范；预案缺乏后续管理，演练改进形同虚设。

(3) 应急预案编写与征求意见

根据调研，江阴市最为典型，需要重大关注的突发事件类型主要是危化品企业火灾事故以及长江水域的传播污染事故。以此为例，基于前面的研究基础，编写江阴市突发火灾事故应急预案和江阴市长江水域传播污染事故专项应急预案，与当地相关部门的应急管理人员反复推敲确认，并进行试应用(见附件三)。

第八篇　结　　论

第二十二章 主要研究成果

22.1 城镇应急预案体系建设

对城镇的概念进行界定，结合城镇在应急管理上的特殊性，参照美国应急预案的编制文本，对比国内应急预案体系的建设现状，提出了城镇应急预案体系的优化建议：① 预案体系适度强化事前应急准备工作，达到快速配置资源、降低应急成本和灾难损失的目的；② 强化城镇预案与企业预案及其他社会组织预案的衔接，引入公众参与；③ 预案框架再造，加强流程、方法、工具设计。

22.2 城镇应急预案编制指南国家标准草案

针对当前我国城镇应急预案体系存在的编制过程不规范、风险辨识不到位等突出问题，研究制定我国城镇应急预案编制指南国家标准草案。此草案由范围、规范性引用文件、术语和定义、基本要求和应急预案基本要素的编写等五部分内容构成，并在六个方面进行了技术优化：① 在预案的内涵与定位方面，在重点规范事后应对工作的基础上，适当向前、后延伸，向前延伸的标准是看是否会导致事件的即将发生，向后延伸主要是指必要的应急恢复，如道路、桥梁等基础设施的应急修复等。② 在风险评估方面，借鉴国外经验，并结合我国现状，制定应急预案前进行风险评估和应急能力评估的方法；同时，考虑大多数地方和部门在编制应急预案时，缺乏对风险和应急资源现状的系统分析，建议风险评估采用风险评价指数法定性风险评价方法，在有条件的地区可根据当地实际情况改选用定量风险评价方法或其他的定性风险评价方法。③ 在预案的可操作性方面，基于操作人员的角度，将预案表格化、流程化、彩色活页化，保证应急预案的应急新人迅速开展救援行动。④ 在预案的持续改进方面，完善预案评估修订机制，通过宣传教育、培训、演练、评估、修订实现预案的持续改进。⑤ 应急资源的有效管理方面，强调从分类管理、标准化程序以及检查等方面进行系统管理。⑥ 在应急指挥机制方面，完善应急支持功能，构建层级式指挥、“协同处置”机制和内外部沟通机制。

22.3 城镇应对巨灾能力评估模型

研究我国城镇应对巨灾的运行机制、管理体制和法制，综合考虑安监、公安、消防、环保、民政、卫生等多部门协同管理的因素，通过界定城镇应对巨灾能力的概念与评估维度，分析事件演化机理，建立评估指标体系，从而构建了城镇应对巨灾能力评估的模型。此模型针对自然灾害、地震灾害、安全事故、环境污染 4 大类事件展开研究，根据突发事件的生命周期，从监测预警、准备减缓、应急反应和恢复重建四个方面来综合考虑各类事故灾害的演化机理，分析其各致灾因素和城镇应对巨灾的能力，充分借鉴并结合已有文献及法律法规，提炼出各事故灾害的应急能力评估指标体系，采用网络层次分析法，运用系统动力学软件进行运算。

22.4 软件开发

基于应急管理的基础理论研究，研发可视化、简单化、多功能的软件平台，完成了城镇应急管理综合集成平台下的三个系统中两个系统的研发，分别是城镇典型突发事件应急能力评估系统和城镇典型突发事件情景模拟和快速提示系统。其中，城镇典型突发事件应急能力评估系统由评估、历史、设置和分析四大功能模块组成，可以实现对典型突发事件应急能力的高效智能评估及各种图表分析、快速查询评估历史、自主配置评估模板、智能生成评估报告等功能；城镇典型突发事件情景模拟和快速提示系统由模型库、案例库、预案库、决策推理与综合研判分析模块及集成平台构成，可以实现对城镇典型突发事件情景的模拟与可视化，并且能够根据情景模拟结果提出有针对性的演练措施，为城镇典型突发事件应急预案的编写提供决策辅助。

第二十三章 主要创新点

23.1 城镇应急预案体系建设

第一,预案编制流程创新。强化现有预案编制流程,增加预案回顾和公众参与环节,细化治理结构、应急资源调查和风险评估的步骤,形成城镇应急预案标准化编制流程说明。其优势在于:一方面,引入预案回顾和公众参与,实现对城镇主要风险的快速准确辨识,提升公众对应急管理的认知,促使公众对相关知识的学习,提升公众对风险的防范能力;另一方面,标准化编制流程可增加不同预案的衔接性,帮助城镇政府精确定位突发事件的应急需求,实现应急资源的快速配置,降低应急成本和灾害损失。

第二,方法和工具创新。考虑我国现有城镇应急管理水平有限,探索性引入风险评估方法——风险评价指数,避免采用复杂难操作的定量评价方法;引入信息卡片、海报等多种媒介,提供便携式、简易化应急响应工具,形成城镇应急预案的方法——工具库。其优势在于:一方面,编制方法的适用性大大提高了应急管理工作效率,提升了应急资源的配置效率;另一方面,信息化工具的推广扩大了城镇应急预案的普及范围,实现了应急预案的可操作化和简单化。

23.2 城镇应急预案编制指南国家标准草案

首先,方法简化。考虑我国体制、人员、资金、资源等方面的限制,提出两种简单可行的风险分析方法,即历史数据法和风险评估指数法,提升风险分析的可行性。其次,形式优化。采用流程图、职能分配表等图表形式代替大段文字,提升预案的易读性和可视性。最后,落实细化。应急响应流程整体落实到职能单位,分级处置措施部分落实到应急队伍,应急措施操作手册细节落实到操作者,提升预案的可操作性。

23.3 城镇应对巨灾能力评估模型

首先,定义科学。从突发事件生命周期入手,构建城镇应急能力的四个构成维度,即灾害监测预警能力、灾害准备减缓能力、灾害应急响应能力和灾害恢复重建能力,并给出了科学定义。其次,指标完整。根据整个灾害的演化机理,紧扣四个应急能力维度,构建科学、简洁的评估指标体系,根据生命周期提出的四个应急能力构成维度保证了指标的完整性。最后,算法适用。利用网络层次分析方法算得各个指标的权重,在通过定性指标与定量指标相结合的办法算得应急能力的综合评分。

23.4 软件开发

第一，从架构设计上，构建具有足够灵活性、扩展性和便利性的集成整合业务框架、数据模式和技术框架。本子课题充分分析项目及各子课题集成需求和要求，广泛调研各种先进的工业级技术集成标准，提出科学合理的集成技术方案和框架。

第二，从情景推演与快速应对上，融合预案、案例、模型各自优势和特点，实现多决策信息耦合的城镇突发事件的快速应对决策支持，结合人的心智和计算机的高性能，人机交互输出城镇突发事件应对方案，包括工作方案、组织方案、保障方案等。

第三，从应急能力评估上，将评估模型与数据库系统、地理信息系统进行集成，实现了评估模型分析过程中指标数据的自动提取和分析，并支持用户进行交互式敏感性分析，结合地理信息系统，实现评估分析和敏感性分析结果的动态空间可视化展示。

第二十四章　研究展望

(1) 围绕项目任务,充分发挥协同效应

产学研合作三方围绕项目任务,最大程度集合各方的优势,实现了资源共享、密切交流,充分发挥协同效应,建立起成熟的信息渠道,促进科研资源顺畅流动。

(2) 增强创新能力,形成恰当的位势差

恰当的位势差体现在高校、科研机构和企业之间。高校和科研院所在项目开发上应比企业具有更高的位势,恰当的位势差能够帮助企业在关键技术上取得有价值的突破,从而提高项目成果的预期效益。不同参与主体之间形成恰当的位势差是促成产学研联合取得成功的重要前提条件。

(3) 提高联合效率,促进科技成果转化

产学研合作是科技成果转化的一种机制,它比较完整、准确地反映了科技成果转化的本质特征。科技成果转化的本质是科研、生产的紧密联系和相互促进,产学研合作实现了这种科研与生产的联合。

附　　件

附件一　政府预案编制标准
附件二　企业预案编制标准
附件三　江阴示范建设应急预案

附件一　政府预案编制标准

1　总则

1.1　编制目的

应简要说明预案基于突发事件处置而预计达成的目标，可根据预案的类别及城镇的特点选取以下方面：

（1）受灾地区民众的生命、健康和财产安全保证；

（2）城镇安全和经济社会发展秩序保证；

（3）灾后秩序恢复保证；

（4）救援人员的生命和健康安全保证；

（5）业务连续性的保持；

（6）财产、设施、设备、基础建设的保护；

（7）环境的保护；

（8）特定类型突发事件应对能力的提高，以及相应体制、机制的建立。

1.2　编制依据

应列出编制突发事故灾难类事件应急预案主要依据的法律、法规、规章和其他规范性文件，以及上一级和本级人民政府及其部门的相关应急预案。

示例1：××市的突发事件总体应急预案

依据《××省突发事件总体应急预案》《“十二五”期间××市突发事件应急体系建设规划》等相关法律、法规和有关规定，编制本预案。

示例2：××市的防汛防台专项应急预案

依据《××省防汛防台专项应急预案》《××市突发公共事件总体应急预案》《××市防汛条例》《××市城市防洪排水规划》《××市实施〈中华人民共和国突发事件应对法〉办法》等法律、法规和有关规定，编制本预案。

示例3：××市环境保护局突发环境事件应急预案

依据《××省环保厅突发环境事件应急预案》《××市突发性事件总体应急预案》《××市环境保护条例》及相关法律、法规和有关规定，编制本预案。

1.3　适用范围

应明确界定本预案所适用的区域、突发事件类型以及对象，必要时，可指出本预案不适用的界限。适用范围应使用如下表述方式：

(1)“本预案适用于……”；

(2)“本预案不适用于……”；

(3)“本预案指导……”；

(4)“……可参照适用本预案”。

示例1:本预案适用于本市各类突发公共事件的应对工作。

示例2:本预案适用于发生在本市的台风、暴雨、高潮、洪水、灾害性海浪和风暴潮灾害，以及损害防汛设施等突发事件的应急处置。

示例3:本预案适用于本市卫生食品监督局应对突发食品安全事故的应急处置工作。

1.4 工作原则

应简要点明突发事件应对的指导思想、基本原则和工作要求，可包含但不限于以下方面：

(1) 面对突发事件时所表现的行为方式和价值选择；

(2) 指挥要求；

(3) 管理要求；

(4) 应对要求；

(5) 协作要求。

示例:以人为本，抢险救灾先人后物;以防为主、防救结合;统一指挥，分级负责;依法规范，加强管理;科学决策、快速反应、果断处置;团结协作、协同应对。

2 风险评估与应急资源调查(主要活动1)

2.1 风险评估

应通过对应急预案所针对的风险状况进行排查、登记、分析，判断风险发生的可能性，分析事件可能产生的直接后果以及次生、衍生后果，判定风险级别，选择相应的风险应对措施特别是治理风险隐患点的措施，以及突发事件发生后的应对措施，并将这些措施纳入应急预案的编制内容。风险评估具体过程可参见附录A。

2.2 应急资源调查

应调查掌握区域内应急资源的配备、分布、品种、规格以及使用性能、管理单位情况，掌握本地区第一时间可调用的应急队伍、装备、物资等应急资源(必要时，可对本地居民应急资源情况进行调查)和合作区域内可请求援助的应急资源状况，以明确应急救援的需求与不足，并为制定应急响应措施提供依据。

注:应急资源应包含应急物资、救援设备以及应急避难场所等。

示例:在预案编制前，要对查找出的风险隐患点周边救援人员、医护人员的分布及其集结到达时间，临时避难场所、饮用水供应、医院床位等基础设施的现状，车辆、发电机、挖掘机等救援物资和器材的分布及调运情况等进行全面调查，从而提高预案的可操作性。

3 组织指挥体系(辅助活动)

3.1 通则

组织指挥体系应参照“3.2 组织架构”的要求明确应急机构,并列出组织架构图以及各机构和部门对应的应急职责。

组织架构图可参照附图1-1绘制,一般应明确突发事件处置的领导机构、联动机构、指挥机构、专家机构及工作机构,具体示例参见附录B.1。

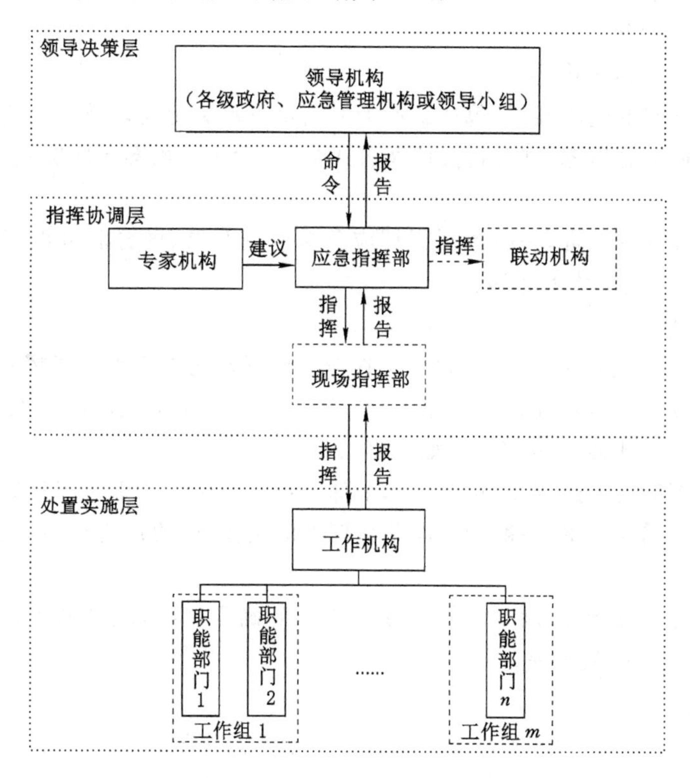

附图1-1 组织指挥体系架构图

应急职责应根据组织架构图中的机构关系以及应急处置的专业职能确定各机构及部门的相应职责任务,并划清职责界面。应急职责宜采用职责任务表的形式,若篇幅过长,可作为应急预案的附件,具体示例参见附录B.2。

3.2 组织架构

3.2.1 领导机构

应根据当地行政管理的特点,在预案中明确对突发事件应急管理工作负有统一领导责任的行政机构。

领导机构一般为应急预案相应响应级别的人民政府、应急管理委员会或领导小组,其主要职责为根据获得的信息和专业建议决定和部署应急响应相关工作。

3.2.2 联动机构

可根据当地城镇行政管理特点设置应急联动机构，包括各级人民政府的突发事件应急联动中心和联动单位。

应急联动中心作为突发事件应急联动先期处置的职能机构和指挥平台，履行应急联动处置较大和一般突发事件、组织联动单位对特大或者重大突发事件进行先期处置等职责。

各联动单位在各自职责范围内，负责突发事件应急联动处置工作。

3.2.3 应急指挥部

应急指挥部作为突发事件应急响应的指挥机构，负责统一协调应急处置工作，应根据突发事件的性质、等级等情况，按照突发事件处置的事权权限，由领导机构决定或者联动机构相关单位对其进行组建。

在预案中需明确以下内容：

(1) 应急指挥部的组建程序，包括由哪个部门负责牵头组建以及组建的具体步骤；

(2) 应急指挥部总指挥、副总指挥以及各成员，一般包括预案相应级别职能部门和相关单位分管领导；

(3) 应急指挥部的职责，一般包括指挥应急响应的开展、区分和分派任务、协调各职能部门的响应行动，以及上传下达等。

3.2.4 现场指挥部

应急指挥部根据突发事件处置需要，可在应急处置现场设立现场指挥部，现场指挥部根据现场救援队伍实际情况确定现场总指挥，统一组织、全权负责现场应急处置工作。

预案中一般应就现场指挥部明确如下事项：

(1) 现场指挥部的组建程序，包括由哪个部门负责牵头组建以及组建的具体步骤；

(2) 现场指挥部的职责，一般为在应急指挥部的指挥下，协调现场各类抢险救援队伍的应急响应处置工作；

(3) 现场指挥部总指挥、副总指挥及成员单位的确定规则，成员的职责和协作模式，以及政府部门之间及军地关系等。

3.2.5 专家机构

专家机构应由领导机构和各应急管理机构根据不同突发事件类型和行业特点建立，包括处置突发事件相关技术问题的各行业专家，其职责是为应急响应提供技术指导和建议。

在预案中应以附件形式列出专家名单库，明确各专家的姓名、擅长领域、联系方式等信息，并及时更新。

发生突发事件后，应急指挥部应根据实际需要从专家名单库中确定并聘请相关专家组成专家组，协助应急指挥部进行应急响应的指挥和协调。

3.2.6 工作机构

工作机构主要是指突发事件处置和后续工作可能涉及的相关职能部门，应根据突发事件类型、地区行业管理规则和行政管理特点，由负有相应职能的部门共同组织构成。

工作机构负责在指挥机构或者联动机构的统一指挥协调下，开展突发事件应对处置和善后工作，并及时反馈和汇报事态发展和处置进展情况。

工作机构各部门可根据应急处置功能需要组合为若干工作组，分别负责相关应急功能的处置工作。

工作机构按应急处置功能划分，可包括但不局限于以下 12 类：

(1) 通信(见附录 C.1)；

(2) 物资保障(见附录 C.2)；

(3) 新闻和信息管理、发布及舆情引导(见附录 C.3)；

(4) 消防(见附录 C.4)；

(5) 医疗救助(见附录 C.5)；

(6) 搜索和救援(见附录 C.6)；

(7) 公众看护、安置和服务(见附录 C.7)；

(8) 交通运输(见附录 C.8)；

(9) 公共建设与工程维护(见附录 C.9)；

(10) 农业和食品安全(见附录 C.10)；

(11) 危化品事件处置(见附录 C.11)；

(12) 环境保护(见附录 C.12)。

3.2.7　其他

发生重特大突发事件，需要军队、武警、国家有关部门、其他地区人民政府协助处置的，按照国家和本地相关规定予以明确。

4　监测预警(主要活动 2)

4.1　监测

针对突发事件可能造成的影响公众生命财产安全、国家安全、公共安全、环境安全、社会秩序等后果，明确监测的责任主体、所需监测的指标(如风力、降雨量、空气质量指数、受灾面积、伤亡人数、财产损失等)以及监测的制度和流程等。

4.2　预警分级

4.2.1　分级方法

针对可以预警的自然灾害、事故灾难和公共卫生事件，其预警级别应根据预报监测的指标结果，按照突发事件发生的紧急程度、发展势态和可能造成的危害程度划分为 4 个等级(见附表 1-1)。

附表 1-1　预警等级划分

预警分级	4 个等级标准划分			
预警级别	一级	二级	三级	四级
级别描述	特别严重	严重	较重	一般
颜色标示	红	橙	黄	蓝

4.2.2　分级要求

应急预案中，应根据不同类型突发事件的特点和国家相关标准，明确预警分级标准。分级判定的条件应具体可量化，级别与级别之间的界限应清晰明确。

4.3 预警预防措施

4.3.1 编制内容

预警预防措施应按照预警级别，针对不同职能部门，准确描述不同预警级别下的预防措施，不同级别的预警预防措施应差异化，对应体现不同的紧急程度，至少包括以下内容：

(1) 责任主体、职责以及所需保持的应急状态；

(2) 启动措施条件；

(3) 通告程序；

(4) 需要的应急资源及调配程序；

(5) 终止措施的条件。

4.3.2 编制形式

预警预防措施通常在正文中由低级到高级分别记述，宜采用活页形式呈现，不同级别的措施不应在同一页纸上，纸张可按照红、橙、黄、蓝颜色分别对应一级、二级、三级和四级的预防预警措施。

4.4 预警信息

4.4.1 预警信息报送

监测到的数据、信息应向相关单位进行通报，并由预警单位在收到预警信息后按程序予以上报或发布，按级别启动预警预防措施。应在预案中明确预警信息报送的责任主体和对象，以及信息内容、获取方式和上报时限，并明确上报信息的具体形式。

4.4.2 预警信息发布

应明确以下内容：

(1) 发布机构，应明确预警信息发布的主体和责任。

(2) 发布信息的类别，应明确预警级别及相应的预警预防措施。

(3) 发布程序，应明确不同预警级别的发布流程。

(4) 发布方式，可通过电视、广播、网络、手机、广告显示屏等方式向社会公众或指定人群发布预警。

4.4.3 预警级别调整

应明确以下内容：

(1) 预警级别调整的机构，应明确预警级别调整的主体和责任。

(2) 预警级别调整的程序，应明确需要进行预警级别调整的条件和流程。

(3) 预警级别调整的通知方式，可通过电视、广播、网络、手机、广告显示屏等方式向社会公众或指定人群通知预警级别的调整。

4.4.4 预警解除

应明确以下内容：

(1) 解除机构，应明确预警信息解除的主体和责任。

(2) 解除程序，应明确不同预警级别的解除流程。

(3) 解除方式，可通过电视、广播、网络、手机、广告显示屏等方式向社会公众或指定人群解除预警。

5　应急响应(主要活动3)

5.1　通则

应急响应应当根据响应流程按顺序编写,主要包括信息报告、先期处置、分级响应和后期处置等过程。各环节应编制应急响应程序、应急处置措施等,应急响应程序和措施应明确职能部门和单位职责(参见附录 D.1)。

5.2　信息报告

预案中应明确信息报告的责任主体和对象,以及所需报告的信息内容、获取方式和上报时限,并明确上报信息的具体形式。

5.3　先期处置

在接报信息后,突发事件发生所在地人民政府应根据突发事件特点初步判断突发事件的类型,在第一时间内启动应急预案并采取应急处置措施,主要包括:

(1) 事发地部门、单位和个人第一时间主动开展自救、互救等即时处置工作;

(2) 迅速调集队伍;

(3) 伤员救治;

(4) 人员疏散;

(5) 灾情或事故现场控制;

(6) 突发事件级别评估;

(7) 现场信息收集和上报。

5.4　分级响应

5.4.1　响应分级

应根据预警分级标准以及各类突发事件的性质、严重程度、可控性和影响范围等因素,将响应分级划分为Ⅰ级(特别重大)、Ⅱ级(重大)、Ⅲ级(较大)和Ⅳ级(一般),并明确响应分级的划分标准。应急响应分级应以方便、快速处置为原则,各等级之间应界定清晰,并可预判、可明确量化。

5.4.2　响应程序

响应程序应针对不同响应等级,由一个或多个职能部门根据其职能特点,落实下列内容:

(1) 流程启动条件;

(2) 应急组织指挥体系建立程序;

(3) 级别判断及其程序;

(4) 分级响应的领导到场要求;

(5) 应急任务分配和人员调度程序;

(6) 每一步责任主体及其职责;

(7) 进入下一步的条件;

(8) 信息传递和反馈程序；
(9) 流程更改条件及程序；
(10) 流程终止条件。

5.4.3　响应措施

应针对响应等级分别制定独立的具体应对措施，并至少包括下列内容：
(1) 面对的情景；
(2) 责任主体及其职责；
(3) 措施开展条件；
(4) 措施执行要求；
(5) 请求协助的程序；
(6) 调整或更改措施的条件及程序；
(7) 终止措施条件。

5.4.4　编制形式

应急响应程序和措施应针对突发事件类型和应急响应级别，在预案中进行具体细化，体现差别：

(1) 响应程序宜采用流程图形式，在编制中可根据不同级别分别制定应急响应流程，也可制定一个整体的应急响应流程；

(2) 响应措施宜采用表格形式来一一明确各职能部门所需采取的措施；

(3) 为满足快速处置的需要，分级响应也可单独采用活页形式，将不同等级的应急响应程序及措施分别对应于不同颜色的纸张，如红、橙、黄、蓝等颜色纸张分别对应Ⅰ级、Ⅱ级、Ⅲ级、Ⅳ级响应。

5.5　应急结束

应明确应急结束的判定条件，以及宣布解除应急状态的部门、流程和相关终止措施。

5.6　后期处置

5.6.1　善后处置

对于因突发事件或者应对突发事件造成的人员伤亡、财产损失等，应明确按照规定予以补偿、抚慰、抚恤、安置，必要时应包括提供心理咨询和司法援助等内容，防止突发事件引发次生、衍生事件，做好疫病防治和环境污染消除工作。

5.6.2　社会救助

应明确救灾捐赠款物筹集、储备、分配及使用管理的原则和程序，保障应急救灾捐赠正常有序进行。

5.6.3　恢复重建(主要活动 4)

应明确恢复重建工作的责任部门、工作内容、工作流程以及应达到的标准。

5.6.4　调查评估

应明确对特别重大突发事件的起因、性质、影响、责任、经验教训和恢复重建等问题进行调查评估。其中，对于自然灾害类突发事件的调查评估可参见《自然灾害损失现场调查规范》(MZ/T 042—2013)。

5.6.5　保险理赔

应明确由保险监管机构督促有关保险机构及时做好有关单位和个人损失的理赔工作。

5.6.6　征用补偿

应明确应急物资保障资源征用补偿的责任单位，以及征用补偿的程序、方式和标准。

5.6.7　奖惩

应明确突发事件应急处置的责任和追究制度，并对奖惩提出明确规定，如追认烈士、表彰奖励，以及依法追究有关责任人的行政、刑事责任等。

5.7　新闻和信息发布

5.7.1　发布原则

突发事件新闻和信息发布要坚持以公开为原则、以不公开为例外，按照及时回应的基本要求，做好突发事件新闻和信息发布工作，以及舆情监督和舆论引导工作。

5.7.2　发布机构和程序

应明确突发事件新闻和信息发布的机构，以及发布的具体程序。

5.7.3　发布方式

新闻和信息发布可采用多种方式，保证突发事件影响范围内的民众都能快速、及时、有效地获得应急准备、疏散、逃生的信息，包括但不限于：

（1）区域内群发短信；

（2）政府门户网站、官方微信、微博；

（3）区域内高音喇叭通告；

（4）电视、广播等滚动播报；

（5）新闻发布会。

6　应急保障（辅助活动）

6.1　资源保障

应急资源保障又分为应急队伍保障和物资保障，具体见附录D。

6.2　资金保障

应保证突发事件应急准备和救援工作所需资金，并明确相关责任部门。

6.3　通信保障

应建立健全应急通信、应急广播电视保障工作体系，完善公用通信网，建立有线和无线相结合、基础电信网络与激光通信系统相配套的应急通信系统，确保通信畅通，并明确责任部门及其工作职责。

6.4　医疗卫生保障

应建立起相应的医疗救护队伍，保证突发事件应急响应时的医疗救护和防疫工作能适应需要，并明确相关责任部门。

6.5 交通运输保障

应保证紧急情况下应急交通工具能有效投入使用，确保运输安全畅通，并明确相关责任部门。

6.6 治安保障

应明确由公安、武警及民兵等力量对重点地区、重点场所、重点人群、重要物资和设备的安全保护，采取有效管制措施，控制事态，维护社会秩序。

6.7 科技保障

应明确积极开展公共安全领域的科学研究，加大公共安全监测、预测、预警、预防和应急处置技术研发的投入，不断改进技术装备，建立健全公共安全应急技术平台，提高公共安全科技水平，并注意发挥企业在公共安全领域的研发作用。

6.8 其他保障

可根据不同突发事件的特点，在预案中明确其他相应保障内容。

7 应急预案管理(辅助活动)

7.1 通则

应急预案编制责任主体应建立持续改进机制，建立应急预案的宣传教育、培训、演练、评估、修订和废止的程序，且每一个环节都应有书面或语音记录，并留档备查。

7.2 宣传教育

应对宣传教育的责任主体、对象、内容范围、所采用的方式、所要达成的目的等加以明确要求。

7.3 培训

应对培训机构、培训对象、培训效果、培训周期等加以明确要求。

7.4 演练

应对演练的组织部门、参与对象以及演练周期等加以明确要求。

7.5 评估

应对评估的周期和启动条件加以明确要求。应至少每两年对应急预案内容的针对性、实用性和可操作性进行一次评估，有条件的地区可每年进行一次，若国内或本地区有类似事件发生，应根据突发事件应对的经验和教训，对应急预案进行重新评估。

7.6　修订

应对启动修订的条件加以明确要求。若有下列情形之一的，应由应急预案编制责任主体牵头，联合相关职能部门，按照标准程序组织及时修订应急预案；若无下列情形的，可不启动修订流程，由应急预案编制责任主体修改后通告相关职能部门：

(1) 有关法律、行政法规、规章、标准、上位预案中的有关规定发生变化的；

(2) 应急指挥机构及其职责发生重大调整的；

(3) 面临的风险发生重大变化的；

(4) 重要应急资源发生重大变化的；

(5) 预案中的其他重要信息发生变化的；

(6) 在突发事件实际应对和应急演练中发现问题需要作出重大调整的；

(7) 其他地区发生类似突发事件证明预防预警措施、应急响应流程或应急处置措施存在问题或不足的；

(8) 应急预案编制单位认为应当修订的其他情况。

7.7　废止

应对启动废止的条件加以明确要求。经评估发现符合 7.6 给出的情形之一，且无法通过修订进行调整的，应由应急预案编制责任主体牵头，会同相关职能部门共同提交应急预案废止申请，经批准后废止。当可替代或可覆盖的适用应急预案编制完成后方可废止原应急预案。

8　附则

8.1　预案解释

预案中应明确本预案的解释部门，一般由制定主体予以解释。

8.2　预案报备

上级人民政府或者政府部门要求对预案进行备案的，预案制定主体应向上级人民政府或者相关部门进行报备。

8.3　预案实施部门

预案中应明确组织预案实施的部门，一般由制定主体组织实施。

8.4　预案有效期

预案中可明确预案执行的有效时间。有效期由预案制定部门结合地区特点自行确定，一般不超过 5 年。

8.5　预案实施时间

预案中应明确实施的具体时间，一般以预案发布之日作为实施时间。

9 附件

预案相关内容不宜在正文中体现的，可将其作为附件列在正文之后。附件内容分类列明，作为预案正文内容的补充说明。

附录A 风险评估（资料性附录）

A.1 基本要求

应建立风险评估程序，并明确风险评估应急队伍、应急物资以及经费的配备和调拨。风险评估的内容应至少包括：

——风险识别；

——风险分析，可包括：

- 历史最严重情况分析；
- 主要风险源及发生频率（突发事件的可能性）；
- 可能造成的危害（突发事件的严重程度）。

——风险评价，可包括：

- 风险等级；
- 专业知识和技能的需求；
- 应急队伍需求；
- 应急物资需求；
- 应急资金需求；
- 应急通信需求。

A.2 风险分析方法

A.2.1 历史数据评估法

对于自然灾害类突发事件的风险评估，应采用历史数据来进行评估，并符合下列要求：

(a) 发生频次较高的，应根据最近3～5年里发生该类灾害的最严重情况来估计应对所需的应急资源，并按照上浮10%～20%来配置应急资源；

(b) 发生频次较低的，应根据最近3～5次该类灾害的最严重情况来估计应对所需的应急资源，并按照上浮5%～10%来配置应急资源；

到(c) 根据本地历史最严重情况判断应对所需应急资源的种类和数量，其与风险评估的差距应有明确的协议、方案和程序来及时补足。

A.2.2 风险评估指数法

对于无法用历史数据作为评估参考的突发事件，应采用风险评估指数法（见附录A.3）或其他更高级风险评估方法，对突发事件的风险点和脆弱性进行分析，并在此基础上估计应对所需的应急队伍和应急物资配备。评估指标的选择应至少包括下列内容：

(a) 受灾民众的生命财产安全；

(b) 应急队伍成员的身体健康和安全；

(c) 相关部门或单位业务连续性保证；

(d) 对环境的影响；

(e) 应急资源的需求。

A.2.3　其他

其他方法可参见《风险管理 风险评估技术》(GB/T 27921—2011)。

A.3　风险评估指数法的具体过程

A.3.1　方法介绍

风险评估指数法是一种常用的定性风险评估方法，它是将决定风险的两个因素——突发事件发生的可能性和后果的严重程度，按其特点划分为相对的等级，给这两种等级的每个组合(即矩阵中的每一个元素)赋予一个定性的加权指数就形成一个评估指数矩阵，这个加权值称为评估指数。

A.3.2　评估方法

评估时，根据潜在突发事件发生的可能性和后果的严重程度的定性描述，来确定可能性等级和严重程度等级，即可得到评估指数。通过评估所分析对象的所有潜在突发事件，定性地得到分析对象的风险水平，在此基础上进行应急队伍配置和应急物资配备的估计和准备。

注：风险评估指数法中所提到的可能性等级和严重程度等级是分别针对所评估突发事件发生的可能性和后果分别进行分级，而应急预案中的预警分级和响应分级则均是对突发事件的可能性和后果进行综合后的分级。

A.3.3　严重程度等级确定

进行风险评估指数法时应根据所分析系统的实际情况来确定后果严重程度等级。不同的系统其严重程度等级的划分可不同，一般宜采用3～5级，并对每一级进行赋值，数值从严重到轻微应逐渐增大。在每一个严重程度等级的描述中，都必须包括对在危险分析中定义的所有安全性对象的说明。

示例：某突发事件的严重程度等级划分表如附表1-2所列，评估人员可凭调研结果或经验判断对各个后果对象评估严重程度等级，并以最严重的那个后果所对应的等级作为该突发事件的严重程度等级。

附表1-2　突发事件严重程度等级划分表

等级	赋值	后果说明			
		人员伤亡(H)	设备损失(F)	生产损失(P)	环境破坏(E)
Ⅰ	1	人员死亡	××万元以上	×个月以上	长期(×年以上)的环境破坏或×××万元以上的治理、赔偿费用
Ⅱ	2	严重受伤、严重职业病	××万元～××万元	×周～×个月	中期(×～×年)的环境破坏或××万元～×××万元的治理、赔偿费用
Ⅲ	3	轻度受伤、轻度职业病	××万元～××万元	×天～×周	短期(×年以下)的环境破坏或×××万元～×××万元的治理、赔偿费用
Ⅳ	4	没有人员受伤和职业病	××万元以下	×天以下	很小、容易治理的环境破坏或×××元以上的治理、赔偿费用

A.3.4　可能性等级确定

进行风险评估指数法时应根据所分析系统的实际情况来确定突发事件可能性等级。每一等级的描述应尽量采用量化指标，若无法量化，也可只用语言定性地说明。若采用量化指标描述，则相邻两个等级必须是连续的。可能性等级数一般宜采用 4～6 级，并对每一级进行赋值，数值从频繁到不可能应逐渐增大。

示例：某突发事件的可能性等级划分表如附表 1-3 所列，评估人员可凭调研结果或经验判断对该突发事件发生频率进行估计，并确定该突发事件的可能性等级。

附表 1-3　　突发事件可能性等级划分表

等级	赋值	完全用语言描述		数值描述	
		个体发生情况	总体发生情况	个体发生情况	总体发生情况
A	1	频繁发生	连续发生	每 10 000 运行小时发生 1 次或多次	连续发生，每年发生 1 次或多次
B	2	在寿命周期发生若干次	频繁发生	每 100 000 运行小时发生 1～10 次	频繁发生，每 3 年发生 1 次
C	3	在寿命周期中偶尔发生	发生若干次	每 10 000 运行小时发生次数小于 1	在系统寿命周期中发生多次
D	4	在寿命周期中不易发生，但有可能发生	不易发生，但有理由可预期发生	很不可能发生	不易发生，但有理由可预期发生
E	5	极不容易发生，以至于认为不会发生	不易发生，但有可能发生	发生频率接近 0	很不可能发生

A.3.5　评估矩阵

可能性等级和严重程度等级一旦确定，应建立评估矩阵，以严重程度等级为横坐标，以可能性等级为纵坐标。将矩阵中每一点对应的横纵坐标值相乘，即为该点的风险评估指数。风险评估指数越小，代表该点对应的突发事件风险越大，越需引起重视。根据最终的风险评估指数结果，对风险排序汇总，并在预案中将风险评估指数高的风险所在区域位置明确为重点防护对象。

示例：根据附表 1-2 和附表 1-3 得到的评估矩阵如附表 1-4 所列，其数值即为风险评估指数。

附表 1-4　　评估矩阵

可能性等级	严重程度等级			
	Ⅰ	Ⅱ	Ⅲ	Ⅳ
A	1	2	3	4
B	2	4	6	8
C	3	6	9	12
D	4	8	12	16
E	5	10	15	20

A.3.6　应急资源配置

A.3.6.1　应急资源储备点

应根据风险评估指数法所评估得出的突发事件可能性等级以及当地实际情况配置相应的应急资源储备点。可能性等级越高，突发事件发生的概率越大，对应所需配置的应急资源储备点的密度应相对较大；可能性等级越低，突发事件发生的概率越小，对应所需配置的应急资源储备点的密度应相对较小。

注：应急资源应包含应急物资、救援设备以及应急避难场所等。

A.3.6.2　应急资源储备量

应根据风险评估指数法评估所得出的突发事件严重程度等级，以及根据当地实际情况确定所需的应急资源储备类别及数量。严重程度等级越高，突发事件发生的后果越严重，应急资源储备点中所需配置的应急资源的等级和数量都应较高；反之亦然。具体的应急资源储备量可依据历史数据统计分析得出，并将其分配至就近的各个应急资源储备点。

附录 B　组织架构图和职责分配表示例(资料性附录)

B.1　组织架构图示例

××市食品安全事故专项应急预案的组织架构图如附图 1-2 所示。

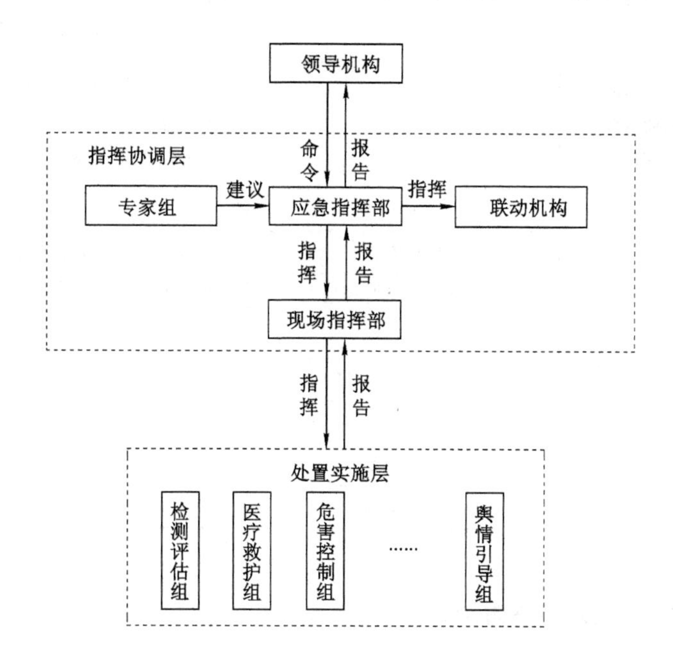

附图 1-2　××市食品安全事故专项应急预案的组织架构图

B.2　职责分配表示例

以××市食品安全事故专项应急预案为例，其应急指挥部、专家组及工作组职责分配表如附表 1-5 所列。

附表 1-5　　××市食品安全事故专项应急预案职责分配表

工作组	牵头单位	协作单位	主要职责
应急指挥部	市食安办	市食品药品监管局	1. 统一领导事故应急处置； 2. 落实重大应急决策及部署； 3. 组织发布突发事件信息
		市卫健委	
		市农委	
		市出入境检验检疫局	
		其他成员单位	
专家组	由指挥部成立	相关领域专家	1. 对事故进行分析评估； 2. 为应急响应处置工作提供决策建议； 3. 必要时，参与应急处置
检测评估组	市食品药品监管局		1. 牵头提出检测方案和要求； 2. 组织实施相关检测； 3. 综合分析各方检测数据； 4. 查找事故原因和评估事故发展趋势； 5. 预测事故后果； 6. 为制定现场抢救方案和采取控制措施提供参考
医疗救治组	市卫健委		1. 结合事故调查组的调查情况，制定救治方案； 2. 对健康受到危害的人员进行医疗救治
危害控制组	事故发生环节的具体监管职能部门	市农委	1. 召回、下架、封存有关食品、原料、食品添加剂及食品相关产品； 2. 严格控制流通渠道，防止危害蔓延扩大
……	……	……	……
舆情引导组	市人民政府新闻办	市食安办	1. 组织事故处置宣传报道和舆论引导； 2. 配合指挥部做好新闻和信息发布工作
		市食品药品监管局	
		市农委	
		市工商局	
		市出入境检验检疫局	
		市卫健委	
		市公安局	

附录 C　基本职能类型(规范性附录)

C.1　通信

通信职能应至少包括：

(a) 组织协调各相关电信企业抢修和恢复被毁损的通信线路和设施；

(b) 提供应急通信服务保障；

(c) 负责无线电频率使用的监管和应急协调；

（d）负责实施通信保障以及网络处置干预工作。

C.2　物资保障

物资保障职责应至少包括：

（a）组织协调抢险救灾物资的储备、生产和供应；

（b）负责救灾捐赠活动组织，接收、管理和分配救灾款物并监督使用；

（c）疏散、保护和清点物资；

（d）对市级重要商品储备进行统一管理和综合协调，会同相关应急管理工作机构，提供必要的物资应急保障；

（e）负责物资应急保障行动的资金保障，监督、审核物资应急保障资金使用情况；

（f）负责应急物资调运中的交通运输保障。

C.3　新闻和信息管理、发布及舆情引导

新闻和信息管理、发布及舆情引导职责应至少包括：

（a）对灾害进行监视、监测、预报和预警；

（b）对突发事件处置进展情况进行宣传报道；

（c）开展对外新闻宣传、互联网信息内容和网上舆论宣传活动的管理，以及媒体发布管理等工作。

C.4　消防

消防职责应至少包括：

（a）提供火灾扑救所必需的相关器材、物资；

（b）组织实施现场救人、灭火；

（c）派出有关技术人员协助灭火；

（d）排除爆炸险情；

（e）组织现场危化品污染的清理和洗消等；

（f）消除恢复供电的火险隐患。

C.5　医疗救助

医疗救助职责应至少包括：

（a）组织医疗急救力量；

（b）伤病员救护、转运及院内收治工作；

（c）疾病预防和疫情控制工作；

（d）为受灾地区提供医护和防疫服务；

（e）对事故现场进行卫生处理；

（f）进行样品检验。

C.6　搜救和救援

搜索和救援职责应至少包括：

（a）组织力量参与处置和救援行动；

（b）组织对事故区域遇险人员的搜救；

（c）组织现场人员有序撤离和疏散。

C.7　公众看护、安置和服务

公众看护、安置和服务职责应至少包括：

(a) 受灾人员紧急转移、安置、生活救济及抚恤、补助等工作；

(b) 遇难人员遗体的处理和殡葬等工作；

(c) 受灾居民的临时居住安置等工作；

(d) 其他社会救助工作。

C.8 交通运输

交通运输职责应至少包括：

(a) 保障海、陆、空运输安全，必要时及时关闭机场、港口、码头、长途客运站；

(b) 滞留旅客(包括外籍及港澳台人员)的安置、疏导、转运等工作；

(c) 做好应急处置物资和人员的交通运输保障工作；

(d) 指挥调度公交、出租、轨道交通、省际客运、船舶等参与旅客疏散和输送；

(e) 协调和提供处置过程中的民用航空运输保障；

(f) 实施海、陆、空交通管制，发布航行警告和安全信息；

(g) 恢复道路、铁路、航空、水路运输；

(h) 优先保证抢险救灾人员、物资运输和需赴其他省市就诊伤员的运输。

C.9 公共建设与工程维护

公共建设与工程维护职责应至少包括：

(a) 调度各排水企业的排水泵站，调度有关排水人员赶赴积水现场，抢排道路积水；做好泵站、水闸等安全保障和防范工作。

(b) 对霓虹灯、广告牌等高空构筑物防台防汛安全的监督检查工作。

(c) 加固被损坏的防汛墙、堤、坎等。

(d) 负责轨道交通设备抢修，恢复轨道交通运营。

(e) 及时对损坏的道路和水、电、煤等公用设施进行抢修和恢复。

(f) 对房屋受损情况进行评估。

(g) 做好居住房的抢修、翻建及受灾居民的临时居住安置等工作。

C.10 农业和食品安全

农业和食品安全职责应至少包括：

(a) 落实农业生产防范应对措施，做好农业生产自救；

(b) 发生食品安全事故，配合医疗急救力量做好病员救护、转运、院内收治等工作；

(c) 对食品安全事故现场进行处理，开展监测和分析相关数据；

(d) 分析评估和核对食品安全事故等级；

(e) 做好事故中涉及农产品生产、食品生产加工、食品流通、食品进出口、流通环节、收购和储存等环节违法行为的调查处理，开展相关检测、调查、溯源和风险评估等工作；

(f) 对集体用餐造成的事故进行调查和处置。

C.11 危化品事件处置

危化品事件处置职责应至少包括：

(a) 对危化品进行侦检；

(b) 对疑似危化品进行鉴定和处置；

(c) 检测事故中泄漏化学品，并组织灭火、洗消、控爆、抢救遇险人员等工作；

(d) 对所辖区域船载危化品泄漏等事故进行处置和救援；

(e) 协助卫生部门做好中毒人员的救治工作；

(f) 对事故现场及其周边地区环境进行监测，并提出相关应对措施。

C.12　环境保护

环境保护职责应至少包括：

(a) 及时清除道路垃圾，确保排水畅通；

(b) 对道路、绿地倒伏的树木进行修剪、绑扎、加固等；

(c) 加强浓雾天气条件下的环境监测，并视情况采取限制污染排放的措施；

(d) 对事故现场及其周边地区的环境进行监测，组织协调污染废弃物的收集、处置工作；

(e) 对可能造成环境污染的情况进行监测并提出处置意见和建议；

(f) 对造成环境污染后果进行调查和处置，对相关违法行为依法追究相应责任。

附录D　应急资源保障管理要求(资料性附录)

D.1　应急队伍

D.1.1　应急队伍组建要求

应急队伍应由人民政府授权的单位负责组建和训练，为其配备针对其应急抢险和救援类型的个人防护装备。在应急抢险和救援过程中，应确保应急队伍成员能够得到必要的补给和休息，保证应急抢险和救援的持续工作能力。

D.1.2　应急队伍调配程序

应急队伍应建立标准调配程序，程序的每个环节均应有书面或语音记录并留档备查。应急队伍调配程序应至少包括：

(a) 队伍基本情况清单；

(b) 调运程序启动要求；

(c) 调运命令下达方式；

(d) 队伍赶赴现场方式；

(e) 应对结束条件；

(f) 归队方式；

(g) 善后恢复要求。

D.1.3　应急队伍培训和演练

应急队伍成员宜每年至少接受1次专业培训，该培训可由应急队伍所属职能部门或单位负责，也可委托第三方机构承担。应急队伍所在职能部门或单位宜每两年至少举行1次针对性的应急演练，经济条件允许的地区应每年举行1次。演练的策划、实施、评估、改进全过程均应有详细记录并存档备查。

D.1.4　应急队伍成员的资质要求

专业应急救援队伍成员应具备相应资质，非专业应急救援队伍可根据各地实际组建并予以认证。

D.1.5　应急队伍清单

应急队伍应建立清单，作为应急预案的支撑性文件，且在每次应对突发事件后，根据事后总结调整应急队伍清单。应急队伍清单应至少包括：

(a) 名称；

(b) 所属部门或单位；

(c) 所在地址；

(d) 队长和联系人的姓名及联系方式；

(e) 负责应对的事件类型；

(f) 队伍人数；

(g) 核心队员数量。

D.2 应急物资要求

D.2.1 基本要求

应建立应急响应过程中所需物资的调用、运输、使用、回收程序，并应有相关记录。应急预案中物资保障应至少包括下列内容：

(a) 应急队伍随身装备配备要求；

(b) 针对突发事件的特定应急物资调用渠道；

(c) 其他应急物资调用程序；

(d) 应急物资不足时外部援助程序；

(e) 应急物资的准备、审查。

D.2.2 应急物资常规配备

应急物资应根据用途、数量、来源、储存条件等分为核心物资和普通物资。核心物资应具有重要用途或不可替代性或较高的储存条件，应指定专门责任主体负责管理，并建立和保持采购、储存、调配、运输、跟踪、维护、补充、补偿和审查在内的完整管理程序，每个管理环节均应有详细的记录并留档备查。

D.2.3 应急物资紧急征调

根据该突发事件历史最严重灾情或根据风险评估结果上浮相应比例得到的应急物资需求，其与常规配备之间的差额应有明确的程序和途径紧急征调，可以通过协议、合同等方式，从邻近区域应急物资管理单位、物资生产厂家等处紧急征集和购买。协议或合同应至少包括：

(a) 物资用途；

(b) 申请与提供物资的程序；

(c) 费用支付、赔偿、程序和规则；

(d) 通告程序；

(e) 与相关协议的关系；

(f) 工人的补偿；

(g) 侵权、责任和免责的处理；

(h) 确认合格的条件；

(i) 中止条款。

D.2.4 应急物资调配程序

应急物资的调配应由应急指挥部统一协调，并由其授权的相应职能部门或单位负责调配，应急资源的调配应建立标准程序，程序的每个环节均应有书面或语音记录并留档备查。应急物资调配程序应至少包括：

(a) 应急物资清单；
(b) 调运指令下达；
(c) 出库流程；
(d) 运输方式；
(e) 现场分配或安置方式；
(f) 分发或使用要求；
(g) 回收、废弃或入库方式。

D.2.5　外部捐赠物资管理

外部捐赠物资应指定专门责任主体，建立统一接收、统一管理、统一调配、统一处理的程序，并应对程序中的每一个环节进行详细记录并公示，这些记录可以是书面的或语音的，且至少包括：

(a) 名称；
(b) 来源；
(c) 接收地点；
(d) 接收人员或单位；
(e) 入库记录；
(f) 调运指令；
(g) 出库记录；
(h) 发放或使用记录；
(i) 废弃、淘汰记录。

D.2.6　应急物资清单

应建立应急物资清单，作为应急预案的支撑性文件，且在每次应对突发事件后，根据事后总结调整应急物资清单。应急物资清单应至少包括：

(a) 名称；
(b) 用途；
(c) 数量；
(d) 储存单位及其地址；
(e) 责任人及其联系方式；
(f) 储存条件；
(g) 维护保养周期；
(h) 预期使用周期。

附件二　企业预案编制标准

1　总则

1.1　编制目的

应简要说明预案面对突发事件处置而打算达成的目标，可根据预案的类别及企业的特点而定。

1.2　编制依据

应列出编制应急预案主要依据的法律、法规、规章和其他规范性文件以及相关应急预案。

1.3　适用范围

应明确界定本预案所适用的区域、安全生产事故类型或者突发事件类型、风险级别等。

1.4　应急预案体系

说明企业单位及基层组织应急预案体系的构成情况，可用框图形式表述，并列出各部门和员工对应的应急职责。

1.5　工作原则

应简明扼要、明确具体地点明应对突发事件的指导思想、基本原则和工作要求，可包含但不限于以下方面：

(a) 指挥要求；
(b) 管理要求；
(c) 应对要求；
(d) 协作要求。

2　风险分析

应通过对应急预案所针对的风险状况进行分析，主要包括：

(a) 事故类型；
(b) 事故发生的区域、地点或装置的名称；

(c) 事故发生的可能时间、事故危害的严重程度及其影响范围；
(d) 事故前可能出现的征兆；
(e) 事故可能引发的次生、衍生事故。

3　应急组织机构及职责

(a) 明确企业单位及基层组织的应急组织形式及组成单位或人员，可用结构图的形式表示，明确构成部门的职责。

(b) 根据事故类型，明确应急指挥机构总指挥、副总指挥以及各成员单位或人员的具体职责。

(c) 应急组织机构根据事故类型和应急工作需要，可设置相应的应急工作小组，并明确各小组的工作任务及职责。

(d) 应急指挥机构可以设置相应的应急救援工作小组，明确各小组的工作任务及主要负责人职责。

(e) 根据现场工作岗位、组织形式及人员构成，明确各岗位人员的应急工作分工和职责。

4　预警及信息报告

4.1　预警

根据企业监测监控系统数据变化状况、事故险情紧急程度和发展势态或有关部门提供的预警信息进行预警，明确预警的条件、方式、方法和信息发布的程序。

针对突发事件可能造成的影响公众生命财产安全、国家安全、公共安全、环境安全、社会秩序等后果，应明确监测的责任主体、所需监测的指标（如风力、降雨量、空气质量指数、受灾面积、伤亡人数、财产损失等）以及监测的制度和流程等。

4.2　预警分级

针对可以预警的社会安全事件、自然灾害、事故灾难和公共卫生事件，其预警级别应根据预报监测的指标结果，按照突发事件发生的紧急程度、发展势态和可能造成的危害程度划分为 4 个等级（见附表 2-1）。

附表 2-1　　预警等级划分

预警分级	4 个等级标准划分			
	一级	二级	三级	四级
级别描述	特别严重	严重	较重	一般
颜色标示	红	橙	黄	蓝

4.3 信息报告

信息报告程序主要包括：

(a) 信息接收与通报。明确 24 小时应急值守电话、事故信息接收、通报程序和责任人。

(b) 信息上报。明确事故发生后向上级主管部门、上级单位报告事故信息的流程、内容、时限和责任人。

(c) 信息传递。明确事故发生后向本单位以外的有关部门或单位通报事故信息的方法、程序和责任人。

4.4 预警解除

应包括以下内容：

(a) 解除机构。应明确预警信息解除的部门和责任。

(b) 解除程序。应明确不同预警级别的解除流程。

(c) 解除方式。可通过电视、广播、网络、手机、广告显示屏等方式向企业员工和社会公众解除预警。

5 应急响应

5.1 响应分级

针对企业单位及基层组织突发事件的预警级别和企业控制事态的能力，对事故应急响应进行分级，明确分级响应的基本原则。

5.2 响应程序

根据事故级别和发展态势，描述应急指挥机构启动条件、应急组织指挥体系建立程序、级别判断及其程序、应急任务分配和人员调度程序、每一步责任主体及其职责、应急资源调配、应急救援、信息传递和反馈程序、扩大应急等应急响应程序、应急流程终止条件。

5.3 应急处置程序

应该包括以下几个方面：

(a) 明确事故及事故险情信息报告程序和内容、报告方式和责任人等内容；

(b) 根据事故响应级别，具体描述事故接警报告和记录、应急指挥机构启动、应急指挥、资源调配、应急救援、扩大应急等应急响应程序；

(c) 根据可能发生的事故及现场情况，明确事故报警、各项应急措施启动、应急救护人员的引导、事故扩大及同生产经营单位应急预案衔接的程序。

5.4 应急处置措施

(a) 针对可能发生的事故风险、事故危害程度和影响范围，制定相应的应急处置措施，明确处置原则和具体要求；

(b) 针对可能发生的火灾、爆炸、危化品泄漏、坍塌、水患、机动车辆伤害等，从人员救护、工艺操作、事故控制、消防、现场恢复等方面制定明确的应急处置措施。

5.5　应急结束

明确现场应急响应结束的基本条件和要求。

5.6　注意事项

应该包括以下内容：
(a) 佩戴个人防护器具方面的注意事项；
(b) 使用抢险救援器材方面的注意事项；
(c) 采取救援对策或措施方面的注意事项；
(d) 现场自救和互救注意事项；
(e) 现场应急处置能力确认和人员安全防护等事项；
(f) 应急救援结束后的注意事项；
(g) 其他需要特别警示的事项。

6　后期处置

6.1　善后处置

对于因企业突发事件或者应对突发事件造成的人员伤亡、财产损失等，应明确按照规定予以补偿、抚慰、抚恤、安置，必要时应包括提供心理咨询和司法援助等内容，防止引发次生、衍生事件，做好疫病防治和环境污染消除工作。

6.2　恢复重建

应明确恢复重建工作的责任部门、工作内容、工作流程以及应达到的标准。

6.3　调查评估

应明确对特别重大突发事件的起因、性质、影响、责任、经验教训和恢复重建等问题进行调查评估。

6.4　保险理赔

应明确由保险监管机构督促有关保险机构及时做好单位和个人损失的理赔工作。

7　新闻和信息发布

7.1　发布原则

突发事件新闻和信息发布要坚持以公开为原则、以不公开为例外，按照及时回应的基本要求,做好突发事件新闻和信息发布工作,以及舆情监督和舆论引导工作。

7.2 发布机构和程序

应明确突发事件新闻和信息发布的部门,以及发布的具体程序。

7.3 发布方式

新闻和信息发布可采用多种方式,保证突发事件影响范围内的民众都能快速、及时、有效地获得应急准备、疏散、逃生的信息,包括但不限于:

(a) 网站滚动播报;

(b) 区域内群发短信;

(c) 区域内高音喇叭通告;

(d) 新闻发布会。

8 应急保障

8.1 通信与信息保障

明确可为生产经营单位提供应急保障的相关单位及人员通信联系方式和方法,并提供备用方案。同时,建立信息通信系统及维护方案,确保应急期间信息畅通。

8.2 应急队伍保障

明确应急响应的人力资源,包括应急专家、专业应急队伍、兼职应急队伍等。

8.3 物资装备保障

明确生产经营单位的应急物资和装备的类型、数量、性能、存放位置、运输及使用条件、管理责任人及其联系方式等内容。

8.4 其他保障

根据应急工作需求而确定的其他相关保障措施(如经费保障、交通运输保障、治安保障、医疗保障、后勤保障等)。

9 应急预案管理

9.1 应急预案培训

明确对企业单位及基层组织人员开展的应急预案培训计划、方式和要求,使有关人员了解相关应急预案内容,熟悉应急职责、应急程序和现场处置方案。如果应急预案涉及社区和居民,要做好宣传教育和告知等工作。

9.2　应急预案演练

明确企业单位及基层组织不同类型应急预案演练的形式、范围、频次、内容以及演练评估、总结等要求。

9.3　应急预案评估

应对评估周期和启动条件明确要求。应至少每两年对应急预案内容的针对性、实用性和可操作性进行一次评估，有条件的企业可每年进行一次，若国内或本地区有类似事件发生，应根据突发事件应对的经验和教训，对应急预案重新评估。

9.4　应急预案修订

应对启动修订的条件加以明确要求。若有下列情形之一的，应由应急预案编制责任的主要部门，按照标准程序组织及时修订应急预案：

(a) 有关法律、行政法规、规章、标准、上位预案中的有关规定发生变化的；

(b) 应急指挥机构及其职责发生重大调整的；

(c) 面临的风险发生重大变化的；

(d) 重要应急资源发生重大变化的；

(e) 预案中的其他重要信息发生变化的；

(f) 在突发事件实际应对和应急演练中发现问题需要作出重大调整的；

(g) 其他地区发生类似突发事件证明预防预警措施、应急响应流程或应急处置措施存在问题或不足的。

9.5　应急预案备案

明确应急预案的报备部门并进行备案。

9.6　应急预案有效期

预案中可明确预案执行的有效时间。有效期由预案制定部门结合企业生产经营特点和地区特点自行确定，一般不超过5年。

9.7　应急预案实施时间

预案中应明确实施的具体时间，一般以预案发布之日作为实施时间。

附件三　江阴示范建设应急预案

附件 3.1　江阴市突发火灾事故应急预案

1　总则

1.1　编制目的

进一步提高对突发火灾事故的快速反应和有效处置能力，保护广大群众的生命和财产安全。

1.2　编制依据

(1)《中华人民共和国消防法》；
(2)《公安消防部队执勤战斗条令》；
(3)《江苏省消防条例》；
(4)《江苏省突发公共事件总体应急预案》；
(5)《江苏省重特大火灾事故应急预案》；
(6)《无锡市重特大火灾事故应急预案》等。

1.3　适用范围

本预案适用于在江阴市境内发生的特别重大、重大、较大、一般火灾事故的处置，如以下场所：

(1) 国家和本市重点建设项目，生产、储存大量易燃易爆危险品的石油化工企业、劳动密集型企业、三资企业、乡镇企业；

(2) 大型化学危险品仓库、化工库、石油库、堆积大量可燃物资的综合库，集贸市场、货场、商场，易燃液体和气体贮罐区；

(3) 高层建筑、地下工程、公共聚集场所和易燃建筑密集区；

(4) 火车站、汽车站、广播电台、邮电等重要交通、通信枢纽；

(5) 大型图书馆、档案馆、陈列馆，列为省级以上重点文物的古建筑；

(6) 市、镇政府机关，金融机构，重要科研单位和电子计算机中心；

(7) 举行重大活动的场所等。

1.4　工作原则

（1）统一指挥，分级负责。在市政府统一领导下，各相关部门按照各自职责和权限负责火灾事故的应急管理和应急处置工作。

（2）以人为本，救人第一。把保障人民群众的生命安全、最大限度地预防和减少火灾事故造成的人员伤亡作为首要任务，切实加强救援人员的安全防护，充分发挥消防特勤队伍的骨干作用、各类专家的指导作用以及人民群众的基础作用。

（3）规范程序，科学施救。规范救援程序，实行科学民主决策，确保应急预案的科学性、权威性和可操作性。采用先进的救援装备和技术，增强部队应急救援能力。

（4）预防为主，防消结合。贯彻落实“预防为主、防消结合”的工作方针，坚持预防工作与应急救援相结合。加强火灾预防，抓好队伍、装备建设以及预案演练等工作。

2　应急资源调查

应急仓库清单见附表 3-1，消防器材配置见附表 3-2，地方医疗、消防服务及相关单位名称见附表 3-3。

附表 3-1　　应急仓库清单

序号	品名	单位	存放位置	保管人	数量	用途	有效期	备注
1	工业盐	袋	库区仓库	张俊	1	防冰雪		
2	防滑链	条	库区仓库	张俊	2	防冰雪		
3	铁丝	kg	库区仓库	张俊	20	防汛		
4	平头锹	把	库区仓库	张俊	15	防汛		
5	尖嘴锹	把	库区仓库	张俊	12	防汛		
6	洋镐	把	库区仓库	张俊	3	防汛		
7	元钉	kg	库区仓库	张俊	4.5	防汛		
8	麻袋片、麻袋	米	库区仓库	张俊	150	防冰雪		
9	编织袋	个	库区仓库	张俊	200	防汛		
10	竹杠	根	库区仓库	张俊	7	防汛		
11	树桩	根	库区仓库	张俊	50	防汛		
12	柳条筐	只	库区仓库	张俊	5	防汛		
13	防爆电筒	只	库区仓库	张俊	3	应急照明		
14	防爆移动灯	只	库区仓库	张俊	1	应急照明		
15	隔热服	套	库区仓库	张俊	1	个人防护	2018 年 11 月	
16	单罐防毒面具	只	库区仓库	张俊	20	个人防护	2017 年 8 月	
17	雨靴	双	库区仓库	张俊	4	防汛		
18	雨衣	套	库区仓库	张俊	8	防汛		
19	Z-Y 安全带	个	库区仓库	张俊	7	个人防护	2017 年 12 月	厂家：泰州市开发区全心织造厂有限公司
20	安全绳	根	库区仓库	张俊	5	个人防护		

续附表 3-1

序号	品名	单位	存放位置	保管人	数量	用途	有效期	备注
21	听力保护器（耳塞）	个	库区仓库	张俊	4	个人防护	2018 年 4 月	耳塞 2 个、耳罩 1 个
22	垫片	个	库区仓库	张俊	130	防泄漏		ϕ40:27 个； ϕ80:22 个； ϕ100:8 个； ϕ150:9 个； ϕ200:50 个； ϕ250:14 个
23	电缆	根	库区仓库	张俊	6	应急动力		
24	防爆应急泵	台	库区仓库	张俊	1	防泄漏		
25	潜水泵	台	库区仓库	张俊	4	防汛		带电缆
26	防爆泥浆泵	台	库区仓库	张俊	1	防汛		带电缆
27	水带(潜水泵)	条	库区仓库	张俊	8	防汛		
28	手摇抽油泵	台	库区仓库	张俊	1	防泄漏		
29	橡胶输油管	条	库区仓库	张俊	5	防泄漏		
30	榔头	把	库区仓库	张俊	4	防泄漏		木榔头 3 把、铁榔头 1 把
31	小铁桶	只	库区仓库	张俊	12	防泄漏		
32	应急小油桶	只	库区仓库	张俊	4	防泄漏		每只 20 升
33	积油盘	只	库区仓库	张俊	8	防泄漏		
34	漏斗	只	库区仓库	张俊	6	防泄漏		
35	勺子	只	库区仓库	张俊	5	防泄漏		
36	木楔子	只	库区仓库	张俊	17	防泄漏		ϕ80:2 只； ϕ100:5 只； ϕ150:3 只； ϕ200:2 只； ϕ250:3 只； ϕ300:2 只
37	金属抱箍	只	库区仓库	张俊	26	防泄漏		ϕ80:9 只； ϕ100:5 只； ϕ150:5 只； ϕ200:5 只； ϕ250:2 只
38	太平斧	把	库区仓库	张俊	1	防火灾		
39	管道堵漏器	个	库区仓库	张俊	5	防泄漏		4 in:1 个； 6 in:1 个； 8 in:1 个； 10 in:1 个； 12 in:1 个 (注:1 in=25.4 mm)
40	急救药	只	库区仓库	张俊	1	个人救护		

附表 3-2　　消防器材配置

序号	器材名称	存放地点	数量	保管人
1	消防车	消防车库	1 辆	张俊
2	消防水带	罐区、发货场、码头	78 盘	张俊
3	消防栓	各重点部位	36 只	张俊
4	35 型灭火机	发货场、码头	29 只	张俊
5	8 型干粉	各岗位	54 只	张俊
6	4 型干粉	各办公场所	25 只	张小平
7	5 型 CO_2	电器设备、微机房	18 只	张俊
8	石棉被	罐区、泵房、发货场、码头	54 条	张俊
9	消防快速接口	引桥、码头	38 只	黄晨龙
10	消防炮	库区、码头	12 门	黄晨龙
11	雾化水枪	发货场、码头	17 支	张俊
12	直流水枪	各重点部位	40 支	张俊
13	消防泵	消防泵房	4 台	袁耀君
14	泡沫液	消防泵房、码头	18.3 吨	袁耀君

附表 3-3　　地方医疗、消防服务及相关单位名称及联络方式

单　　位	电　　话
火警	119
盗警	110
医疗救护	120
交通事故	122
长山海事	0510-86191316;12395
江阴港口管理局	0510-86867201
江阴安监局	0510-86862596
江阴检验检疫局	0510-86099112、0510-86099093
长山安全村委会	0510-86190977
周边单位	0510-86197672(中油)、13961662216(滨江燃料油库)
围油栏布设单位(洁海公司)	18915236258
分公司应急中心	13812179190(严)
地方政府应急中心	0510-86861234
江阴环保局	0510-80612369;12369
江阴市公安局水上派出所	0510-86161039
江阴海关缉私分局	0510-86853209
自来水厂(江南水务)	0510-962001
江阴边检站	0510-86852304
江阴气象局	0510-86281847
江阴市城东派出所	0510-86191110

3 组织指挥体系

3.1 指挥部

发生特别重大、重大、较大火灾事故时，市政府成立突发火灾事故专项应急指挥部（以下简称“市应急指挥部”），由市政府分管副市长担任总指挥，市公安局分管副局长、市公安消防大队大队长担任副总指挥，协助总指挥工作。指挥部成员由市公安、消防、发改、经信、教育、财政、民政、建设、交通、商务、卫生、环保、规划、安监、市场监督管理、公用事业、电信、移动、联通、供电、事发属地镇街（园区）及主管部门等负责人组成，视情况调集江南水务等单位有关工作人员和驻澄部队官兵协助公安消防部队现场处置。

主要职责：负责事故处置，协调相关部门和单位的力量，组织指挥火灾扑救工作；研究确定火灾扑救方案；调用各种火灾扑救物资和交通工具；发布有关信息。

3.2 指挥部办公室

市应急指挥部下设办公室，指挥部办公室设在公安局指挥中心，由公安局指挥中心主任任办公室主任。

指挥部根据工作需要可下设若干应急处置小组，主要有：

（1）前沿阵地指挥组。由市公安消防大队负责，市有关部门和属地镇街（园区）配合。

主要职责：

① 收集事故现场相关信息，掌握战斗进展情况，绘制作战图表，为总指挥决策提供参谋意见；

② 组织有关方面的专家、技术人员拟定抢险救援行动方案，解决抢险过程中的技术难题，为总决策提供科学依据；

③ 组织器材装备、灭火剂、燃料、饮食等供应和部队的医疗救护工作；

④ 负责现场有线、无线联络，保障通信畅通。

（2）医疗救护组。由市卫健委负责，市有关医院配合保障受伤人员的医疗救助。

主要职责：

① 组织所属医疗单位全力做好各项抢救工作，并派出医疗人员到事故现场负责抢救、转运和医治受伤、中毒人员；

② 及时提供救治所需的药品和救护器械；

③ 必要时对事故现场进行卫生等检查；

④ 向事故伤亡人员及其家属提供精神和心理卫生方面的帮助；

⑤ 完成指挥部交给的其他任务。

（3）物资供应组。由市发改委、市经信委、财政局、民政局、交通运输局、商务局、公用事业局和事发地镇街（园区）等相关部门负责保障物资供应。

主要职责：

① 负责事故现场指挥人员和工作人员的现场后勤保障；

② 集中力量，保证抢险救援物资以及生产、生活急需物资的供应和输送，安置受灾

群众；

③ 协助其他应急救援小组处理伤员和救护工作；

④ 完成指挥部交给的其他任务。

(4) 电力通信保障组。由市供电公司主要负责，电信、移动、联通等通信运行公司配合保障电力、通信的正常运行。

主要职责：

① 负责事故现场电力输送及切断工作，保持通信畅通，保证现场指挥与上级及各现场救援小组的通信联络；

② 沟通现场各部门之间、现场与外界之间的联系；

③ 必要时负责协调、调用有关部门的通信系统；

④ 完成指挥部交给的其他任务。

(5) 治安保卫组。由市公安局负责，市公安局治安大队、交警大队、巡特警大队、信通大队配合保障治安稳定。

主要职责：

① 负责事故现场的治安保卫、交通管制工作；

② 设置警戒区域并进行现场警戒，保护事故现场；

③ 维护现场秩序，疏通道路，组织危险区内人员撤离；

④ 劝说围观群众离开事故现场，收集社会反响，防止产生不稳定因素；

⑤ 根据事故级别调集相应警力参与救援工作；

⑥ 完成指挥部交给的其他任务。

(6) 事故调查组。由市公安局负责，市安监局、建设局、卫健委、环保局、公用事业局配合对事故原因进行取证调查。

主要职责：

① 及时控制相关人员，调查事故原因和责任；

② 根据危险程度、事故可能造成的危害及社会影响，提出相应的应对措施；

③ 事故现场周边危险源的调查和转移工作；

④ 相关专家的联络和聘请；

⑤ 拟定对上级汇报、对社会公布的信息稿件，供市领导参阅；

⑥ 建立现场指挥部，负责接待、汇报等工作。

4　监测预警

目前尚未有一套切实可行的监测预警系统及装备，主要以预防为主。

5　应急响应

5.1　信息报告及先期处置

市“119”指挥中心接到突发火灾事故报警后，在立即调出消防大队、中队力量的同时，应及时报告市消防大队值班首长和市公安局指挥中心，并迅速按预案要求或大队值班首长命令调出相应的增援力量。市公安局指挥中心接到“119”指挥中心情况报告后，应立即报告市局领导和市政府应急办，必要时通知辖区交警和公安局有关人员到场或做好出动准备。市应急指挥部办公室在接到情况报告后，应立即按程序向上级部门报告，视情况通知市经信、民政、建设、交通、卫生、环保、规划、市场监督管理、安监、公用事业局、供电、通信等有关部门和单位赶赴现场。

5.2 分级响应

5.2.1 响应分级

按照火灾事故的严重程度和影响范围，分特别重大火灾（Ⅰ级）、重大火灾（Ⅱ级）、较大火灾（Ⅲ级）、一般火灾（Ⅳ级）四级。

(1) 特别重大火灾（Ⅰ级）：造成 30 人以上死亡（含失踪），危及 30 人以上生命安全，造成 100 人以上重伤（中毒），造成 1 亿元以上直接经济损失，造成 10 万人以上紧急疏散转移的火灾事故。

(2) 重大火灾（Ⅱ级）：造成 10 人以上、30 人以下死亡，危及 10 人以上、30 人以下生命安全，造成 50 人以上、100 人以下重伤，造成 5 000 万元以上、1 亿元以下直接经济损失，造成 5 万人以上、10 万人以下紧急疏散转移的火灾事故。

(3) 较大火灾（Ⅲ级）：造成 6 人以上、10 人以下死亡，危及 6 人以上、10 人以下生命安全，造成 10 人以上、50 人以下重伤，造成 2 000 万元以上、5 000 万元以下直接经济损失，造成 1 万人以上、5 万人以下紧急疏散转移的火灾事故。

(4) 一般火灾（Ⅳ级）：对人身安全、社会财富及社会秩序影响相对较小的火灾事故。

上述有关数量的表述中，“以上”含本数，“以下”不含本数。

发生Ⅰ、Ⅱ、Ⅲ级火灾事故后，市政府应急指挥中心迅速启动市Ⅰ、Ⅱ、Ⅲ级响应预案，现场应急指挥部在进行先期处置的同时请求无锡市重特大火灾事故应急指挥中心迅速启动无锡市Ⅰ、Ⅱ、Ⅲ级响应预案，组织指挥火灾扑救工作。

发生Ⅳ级火灾事故后，由市政府应急指挥中心启动Ⅳ级响应预案，组织指挥火灾扑救工作。

5.2.2 响应程序

发生特别重大、重大、较大火灾事故后，市重特大火灾事故应急指挥中心立即启动应急机制，指挥相关单位迅速调集人员、装备赶赴现场，投入救援工作。必要时请有关专家参与应急处置指挥和现场指导。

5.3 应急结束

火灾扑救工作完成后，市重特大火灾事故现场应急指挥中心宣布解除火灾灾情，必要时发布公告，终止应急状态，消防部门组织专家调查灾情并提交报告。

5.4 后期处置

5.4.1 善后处置

突发火灾事故发生后，根据事故的级别，由负责处置突发火灾事故的机构组成或指定调查小组，依照法定程序进行事件调查，并依照法定期限结案。调查人员应实事求是，以科学、公正的态度依法进行，任何单位和个人不得干扰、阻挠。

积极做好受灾群众的安置工作，根据火灾损失评估结果，给予受灾群众适当经济补助。对参加保险的受灾群众，保险公司按规定迅速进行理赔。因救灾需要临时征用的房屋、运输工具、通信设备等，事后应当及时归还；造成损坏或者无法归还的，按照有关规定给予适当补偿或进行其他处理。

5.4.2　受灾群众救助和安置

发生特别重大、重大、较大火灾事故后，要全力组织营救被困人员，最大限度减少人员伤亡。对受伤人员要及时送医抢救、医治。对火灾中死亡的，要主要保护尸体，便于处理善后事宜。

5.4.3　现场清理

现场应急指挥部组织建设、环保、卫生防疫等部门，对火灾造成的有毒气体、废墟、垃圾及污染物及时进行清理并妥善处置，必要时采取隔离措施，防止污染扩散。

5.4.4　奖惩

在突发火灾事故应急处置工作中，违反规定，未履行职责，玩忽职守，失职、渎职的，按照法律、法规及有关规定，对责任人员给予行政处分；违反治安管理的，由公安机关依照有关规定处罚；构成犯罪的，由司法机关依法追究刑事责任。

5.5　新闻和信息发布

发生特别重大、重大、较大火灾事故后，由市委宣传部会同公安、消防部门和受灾单位或其上级领导部门，按照国内突发公共事件新闻报道工作的有关要求，协调组织采访和新闻发布工作。

6　应急保障

6.1　应急队伍

目前，市消防大队下辖现役消防中队 1 个，现役消防执勤点 1 个——江阴中队、环北路消防执勤点，共有现役官兵 56 人，消防执勤车 11 辆。另有通渡路、周庄、璜塘、华士、长泾、新桥、开发区西区、申港、利港和青阳地方公安专职消防中队 10 个，地方专职消防队员 180 名。全市公安消防部队和地方专职消防队共有各类消防执勤车辆 57 辆。有澄西船厂、利港电厂、中油辽河油库、中石化长山油库等企业专职消防队 4 个，专职消防队员 130 人，消防执勤车 13 辆，消防艇 2 艘。有派出所消联防队 18 支，消联防队员 300 余人，消防执勤车 16 辆，手抬泵 23 台。

6.2　力量调集所需时间

在一般情况下，如市区发生火灾事故，10 min 内可调集驻市区江阴中队、环北路消防执勤点的 10 辆消防车、56 名消防指战员到场；20 min 内可调集江阴中队、环北路消防执勤点、通渡路中队、澄西船厂、中油辽河油库、中石化长山油库专职消防队的 30 辆消防车和 6 台手抬泵、106名消防指战员到场;30 min内可调集所有12个现役、地方专职消防队的54辆消防战斗车,173名消防指战员和4个企业专职消防队伍的13辆消防车、130余名专职消防队员以及城区附近派出所消联防队到场;50 min内可调集全市所有现役、地方专职和企业专职消防队、派出所消联防队的所有消防执勤车辆和警力;1 h内无锡支队及周边苏州消防支队张家港大队、泰州消防支队靖江大队等地增援力量可到达现场。

7 应急预案管理

7.1 通则

建立持续改进机制,建立应急预案的宣传教育、培训、演练、评估、修订和废止的程序。

7.2 宣传教育

市突发火灾事故专项应急指挥部要向公众宣传与应急工作有关的法律、法规、规章和可公布的应急预案的内容,以及有关预防、报告、紧急避险和自救互救等方面的知识,提高全社会应对突发火灾事故的能力。

市教育局要会同有关单位制定全市学校突发火灾事故应急教育规划和计划,对学生加强突发火灾事故应急知识教育。

在网上开设专栏,及时发布我市应对突发火灾事故相关信息,开展面向农村和社区的应对突发火灾事故教育信息服务。

7.3 培训

突发火灾事故应急知识要纳入全市行政机关工作人员的培训计划,并逐渐形成制度化、规范化的培训。有关企事业单位的管理人员以及专业应急队伍的工作人员在上岗前,应当接受突发火灾事故应急知识的综合或专项培训。基层各单位也要结合实际情况,加强防范、自救、互救和逃生知识和技能的培训。

7.4 演练

全市每年不定期组织突发火灾事故应急处置综合或专项演练工作,加强跨部门之间的协调配合,确保各种紧急状态下的有效沟通和统一指挥,由市应急指挥部办公室负责组织实施。演练要根据我市的实际,从实战角度出发,深入发动和依靠群众,普及防范突发火灾事故的知识和技能,切实提高应对和处置的能力。

8 附则

8.1 制定与解释

本预案由市公安局负责制定和解释,每两年修订一次,必要时及时修订。由市突发火灾事故专项应急指挥部各成员单位根据本预案制定实施方案。

8.2 实施时间

本预案自公布之日起实施。

附件3.2 江阴市长江水域传播污染事故专项应急预案

1 总则

1.1 编制目的

为建立健全江阴市长江水域船舶污染险情应急处置机制，对水域内发生的船舶污染险情迅速、及时、有序地作出应急反应，最大限度地减少船舶污染险情造成的人员伤害、环境影响以及财产损失，根据国家有关法律、法规，结合我市实际，特制定本预案。

1.2 编制原则

本预案遵循以人为本、预防为主、资源共享、团结协作、科学决策、分级响应、快速高效的原则。

1.3 编制依据

(1)《中华人民共和国突发事件应对法》；
(2)《中华人民共和国安全生产法》；
(3)《中华人民共和国环境保护法》；
(4)《中华人民共和国水污染防治法》；
(5)《中华人民共和国水污染防治法实施细则》；
(6)《危险化学品事故灾难应急预案》；
(7)《中华人民共和国内河交通安全管理条例》；
(8)《危险化学品安全管理条例》；
(9)《中华人民共和国防治船舶污染内河水域环境管理规定》；
(10)《江苏省内河水域船舶污染防治条例》；
(11)《江苏省水上搜寻救助条例》；
(12)《省政府关于加强长江流域生态环境保护工作的通知》(苏政发〔2016〕96号)等法律、法规、规章和文件。

1.4 术语定义

本预案所指的“船舶”，是指各类排水或者非排水船、艇、筏、水上飞行器、潜水器、移动式平台以及其他水上移动装置。但不包括渔船和军队、武警的现役在编船舶。

本预案所指的“作业”，是指与船舶有关的活动，包括船舶运输、装卸、油料补给、污染物接收以及船舶修造、打捞、拆解等活动。

本预案所指的“船舶污染险情”，是指船舶在江阴市长江水域水上航行、停泊、作业等过程中发生的水域污染险情。

本预案所指的“油类”，是指各种类型的石油及其炼制品，包括经1978年议定书修订的《1973年国际防止船舶造成污染公约》(MARPOL 73/78)附则Ⅰ“油类名单”。

本预案所指的“化学品”，包括国家标准公布的《危险货物品名表》(GB 12268)所列入的危险化学品及其他具有污染危害性的化学品、经1978年议定书修订的《1973年国际防止船舶造成污染公约》(MARPOL 73/78)附则Ⅱ“有毒液体物质及其他物质的分类和名单”所列明的物质以及按照附则Ⅲ“包装有害物质的识别指南”的鉴别标准确定的有害物质。

本预案所指的“其他污染物”，是指除前述油类和化学品外，由船舶或者有关作业活动对水域环境造成污染损害的物质，其中包括油性混合物、化学品洗舱残余物、包装形式的有害物质等可能对长江水域造成污染的物质。

1.5 适用范围

本预案适用于江阴市长江水域内航行、停泊、作业的船舶发生的油类、化学品引起的水域污染险情的应急反应，及相邻水域发生的船舶污染险情造成本水域污染的应急反应。

1.6 工作原则

以人为本，抢险救灾先人后物；预防为主、防救结合；统一指挥，分级负责；依法规范，加强管理；科学决策，快速反应，果断处置；团结协作，协同应对。

2 风险评估与应急资源调查

2.1 风险评估

江阴市水上搜救中心接到船舶污染险情报告后，应立即对船舶污染险情进行初始评估，并形成初始评估结论，主要内容有：

(1) 确认是否确实发生了船舶污染；

(2) 险情发生的时间、地点、类型、原因、现状，已经造成的损害和可能的响应级别；

(3) 肇事船舶及船舶公司的详细资料，所载货物的详细资料；

(4) 初步认定的污染险情涉及的污染物种类及数量；

(5) 险情区域气象、水流、潮汐现状及趋势；

(6) 已经采取的措施和正在实施的救援行动及其效果；

(7) 应优先保护的目标和优先采取的措施；

(8) 发生污染水域是否是水源保护区域，污染物是否对长江水源造成重大影响；

(9) 险情的危险性分析，包括影响范围与危险程度及其发展变化的预测；

(10) 险情可能引发的灾害性后果，及可能对公共安全、船舶污染造成的最大危害程度；

(11) 根据搜集到的资料和信息初步判断船舶污染险情响应的等级；

(12) 应急救援所需要的救援物资等。

2.2 应急资源调查

应调查掌握区域内应急资源的配备、分布、品种、规格以及使用性能、管理单位情况，掌握本地区第一时间可调用的应急队伍、装备、物资等应急资源(必要时，可对本地居民应急资源情况进行调查)和合作区域内可请求援助的应急资源状况，以明确应急救援的需求与不足，并为制定应急响应措施提供依据。环境应急指挥系统见附表 3-4，环境应急物资代储情况见附表 3-5。

附表 3-4　　江阴市环境应急指挥系统

序号	指标内容	设备名称	型号	单价/(万元)	数量/(部)	购买时间	发票号	说明
1	应急指挥平台、综合应用系统的服务器及网络设备	江阴市环境地理信息、应急及办公系统软件项目	—			2009-11-8	06140584、06140527、01725912、01725986	
2	视频会议系统和视频指挥调度系统	POCYCOM 远程视频会议系统	VSX6000			2011-3-1	—	承包单位为江阴新创电子工程有限公司
3	车载应急指挥移动系统及数据采集传输系统	车载 3G 移动视频监控系统	TEYE-VA10-EV-s			2011-10-9	02115395、23315039	—
4	便携式移动通信终端	环保 e 通	手机款			2011-12-7	16272771	
		便携式无线网络视频编码器	便携 CW1010EV			2010-1-5	—	接摄像机可完成音视频无线远传

附表 3-5　　江阴市环保局环境应急物资代储情况

物资名称	可调用量	单位名称	地　址	联系人	电　话
盐酸	100 t	江阴苏利化学有限公司	利港镇润华路 7 号	黄岳兴	13906163892
氢氧化钠	10 t	江阴苏利化学有限公司	利港镇润华路 7 号	黄岳兴	13906163892
石灰/碳酸钙	50 t	江阴苏利化学有限公司	利港镇润华路 7 号	黄岳兴	13906163892
活性炭	100 t	江阴苏利化学有限公司	利港镇润华路 7 号	黄岳兴	13906163892
吸油毡	5 t	江阴市扬远船舶服务有限公司	江阴市滨江中路 205 号 4 楼	成江元	13961687700
苯乙烯	2 t	江苏利士德化工有限公司	利港镇双良路 27 号	程向明	13616168111
塑料布/帆布	500 m	江阴市扬远船舶服务有限公司	江阴市滨江中路 205 号 4 楼	成江元	13961687700

续附表 3-5

物资名称	可调用量	单位名称	地　址	联系人	电　话
围油栏	700 m	江苏利士德化工有限公司	利港镇双良路 27 号	程向明	13616168111
	1 000 m	江阴市扬远船舶服务有限公司	江阴市滨江中路 205 号 4 楼	成江元	13961687700
消油剂	1 t	江阴苏利化学有限公司	利港镇润华路 7 号	黄岳兴	13906163892
	8 桶	江阴市扬远船舶服务有限公司	江阴市滨江中路 205 号 4 楼	成江元	13961687700

其余应急资源见附件。

3　组织指挥体系

3.1　组织机构

江阴市长江水域船舶污染险情应急行动由江阴市水上搜救中心按照市政府统一指挥、分级负责的原则，调动社会各界力量积极参与，快速有效反应。

江阴市水上搜救中心是江阴市长江水域船舶污染险情应急反应的指挥机构，统一组织、协调和指挥江阴市长江水域船舶污染险情应急响应行动。应急指挥机构由领导机构和主要成员单位组成。应急指挥的日常工作由江阴市水上搜救中心办公室承担。

领导机构由总指挥、副总指挥组成。江阴市水上搜救中心指挥长担任应急救援工作的总指挥，有关副指挥长担任副总指挥。

应急救援工作的主要成员单位有：江阴海事局、市委宣传部、市政府办公室（应急办）、财政局、公安局、民政局、交通运输局、水利农机局、农林局、卫健委、环保局、安监局、口岸办（港口局）、公用事业管理局、气象局、消防大队、长航公安苏州分局水上消防支队、长航公安江阴派出所、高新区管委会、临港经济开发区管委会、相关镇人民政府及街道办事处等。

现场处置体系包括治安警戒组、环境监测组、医疗救护组、火灾控制组、污染控制与消除组、物资保障组、事故调查组、新闻宣传组、专家组。

江阴市长江水域船舶污染险情应急机构见附图 3-1。

3.2　组织机构职责

3.2.1　江阴市水上搜救中心职责

（1）负责组织实施本预案，对应急行动作统一指挥，发布和解除应急响应命令；

（2）负责召集应急处置部门人员和应急专家组，制定具体防治污染措施；

（3）负责协调成员单位之间的关系，调派专业队伍和社会应急力量参与应急响应；

（4）及时向上级机构汇报险情有关情况；

（5）负责总结、组织交流和推广船舶污染险情预防和应急反应工作经验，表彰、奖励应急响应工作先进单位和个人。

3.2.2　江阴市水上搜救中心办公室职责

（1）负责江阴市水上搜救中心的日常工作，负责编制和修订《江阴市长江水域船舶污染

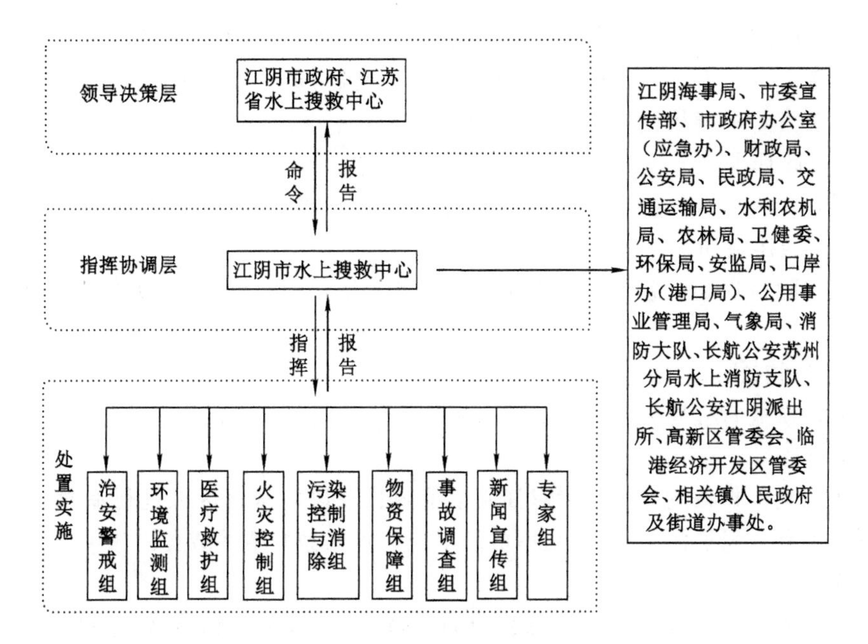

附图 3-1　江阴市长江水域船舶污染险情应急机构

事故应急预案》及编制船舶污染险情应急经费预算；

(2) 接收船舶污染险情信息，并及时向市应急办报告；

(3) 传达江阴市水上搜救中心的指令；

(4) 负责组织船舶污染险情应急处置救援队伍的培训，指导开展船舶污染险情应急演练；

(5) 负责开展船舶防治污染法规宣传，教育工作。

3.2.3　主要成员单位的职责

(1) 江阴海事局

承接船舶污染险情报告，并及时向江阴市水上搜救中心报告；负责船舶污染险情水上应急救援工作；负责实施水上交通管制，维护险情现场的通航秩序；负责提供险情现场及附近水域的通航环境等信息；协调专职或兼职清污队伍参加清污作业；负责调查、处理船舶污染险情及水上交通违法案件。

(2) 市委宣传部

组织协调船舶污染险情信息的对外统一发布和舆论引导工作。

(3) 市政府办公室(应急办)

及时向市委、市政府报告船舶污染险情处置进展情况；传达市委、市政府领导关于险情处置的指示和批示；负责本市相关部门的联系和协调，以及就跨县级市、地级市船舶污染险情应急抢险救援事宜与毗邻地区政府沟通与协调。

(4) 市财政局

为江阴市长江水域船舶污染险情应急救援工作提供必要的经费保障。

(5) 市公安局

负责制定并组织实施陆域人员疏散、事故现场警戒和交通管制方案；事故发生后，抽调警力、维持秩序，组织事故可能危及区域内的人员疏散撤离，对人员撤离区域进行治安管理；负责禁止无关车辆进入危险区域，保障救援道路的畅通；负责核对死亡人数、伤亡人员身份；参与涉及刑事案件的事故调查处理。

（6）市民政局

负责做好受灾群众的善后工作；负责接收、管理、发放救灾捐赠的款物。

（7）市交通运输局

负责组织险情现场应急救援物资和相关人员的运送；负责通知有关单位关闭长江通江船闸。

（8）市水利农机局

协助公用事业管理局处理和解决因水源地污染造成的供水问题。

（9）市农林局

按照水源地保护条例要求负责对江阴市境内长江段取水口区域进行渔业污染控制；负责向渔民通报有关船舶污染险情信息；协助水产养殖区做好清污或提出相关建议。

（10）市卫生局

负责调配医务人员、医疗器材、急救药品，组织现场救护及伤员转移；确定救护定点医院，培训相应医护人员，进行受伤人员治疗；指导定点医院储备相应的医疗器材和急救药品；负责统计人员伤亡情况。

（11）市环保局

负责制定船舶污染险情的环境监测方案，提出船舶污染危害控制的有关建议；负责及时对险情现场空气、水、土壤等进行环境监测，及时测定险情现场污染物的成分和危害程度；负责对可能存在较长时间环境影响的区域进行跟踪监测，提出控制措施；负责指导岸滩污染物的清除；对回收的污染物和废弃物的处置提出建议。

（12）市安监局

协助开展应急救援工作；参与污染事故调查处理。

（13）市港口管理局

负责制定港口危险货物事故应急救援预案；协调相关码头单位参与应急处置工作；参与船舶污染事故的应急处置工作；参与组织船舶污染事故应急处置专业队伍的培训。

（14）市公用事业管理局

及时处理和解决因船舶污染险情造成的水源地污染引发的供水问题，负责全市的用水安全；负责备用水源供水系统的维护保养。

（15）江阴气象局

为险情现场提供风向、风速、温度、气压、湿度、雨量、雷暴等气象资料。

（16）市公安局消防大队

负责长江沿岸的火灾扑救和救援工作。

（17）长航公安苏州分局水上消防支队

负责水上船舶污染险情引发的船舶火灾扑救及船舶火灾事故调查。

（18）长航公安江阴派出所

抽调警力，维持秩序，组织事故可能危及区域内的人员疏散撤离，对人员撤离区域进行治安管理；参与涉及刑事案件的险情调查处理。

(19) 高新区,临港经济开发区,各镇、街道

负责落实江阴市水上搜救中心的要求,履行属地管理职能,转移、撤离或者疏散可能受到危害的人员并进行安置;组织辖区人力、物力参与现场抢险和事故处理;做好所辖受灾区的善后工作。

3.2.4　现场应急部门职责

根据险情发生特点和现场实际情况,应急救援现场成立治安警戒组、环境监测组、医疗救护组、火灾控制组、污染控制与消除组、事故调查处理组、物资保障组、新闻宣传组和专家组,在搜救中心指挥下承担事故现场应急处置工作。现场应急部门主要职责如附表 3-6 所列。

附表 3-6　　现场应急部门主要职责

工作组	牵头单位	协作单位	主要职责
治安警戒组	陆域:市公安局	相关单位	(1) 负责对现场陆域及周围人员进行防护指导、人员疏散及周围物资转移、布置安全警戒,禁止无关人员和车辆进入危险区域; (2) 在人员疏散区域进行治安巡逻,加强对重点地区、重点场所、重点人群、重要物资和设备的安全保护,依法打击应急处置中扰乱社会秩序、危害公共安全、侵犯人身安全和公司财产安全的违法犯罪活动; (3) 必要时,根据江阴市水上搜救中心要求,依法采取有效管制措施,控制事态,维护正常社会秩序
	海域:江阴海事局	市公安局	公安机关负责现场水上治安工作
		长航公安江阴派出所参与	江阴海事局负责对现场水域的交通管制和安全维护
环境监测组	市环保局	江阴海事局	(1) 主要负责对现场水环境和大气环境开展应急监测、监控工作; (2) 分析污染现状及可能造成的影响,判断事态变化趋势; (3) 向指挥部提出控制和消除环境污染的处置建议
		卫生局	
		气象局	
		公共事业局	
医疗救护组	市卫生局	相关医护单位	(1) 负责应急人员的防护和伤病员的治疗工作; (2) 必要时设立现场医疗救护点,提供现场救护保障
火灾控制组	长航公安苏州分局水上消防支队	长航公安苏州分局水上消防支队	负责船载危险品火灾事故的扑救和控制
		江阴市消防大队	
		事故发生地码头	

续附表 3-6

工作组	牵头单位	协作单位	主要职责
污染控制与消除组	江阴海事局	市环保局	负责控制泄漏源头及水域相关污染物清除和后期处理工作
		安监局	
		消防支队	
		港口局	
		农林局	
		水利局	
		清污单位	
		码头	
物资保障组	由江阴海事局、港口局、相关码头共同组成		储备并及时供应或调配各种抢险所需物资
事故调查组	按照险情发生的原因,由安监局、环保局、海事局依据各自的职责分别牵头	其他单位协同配合	主要负责对江阴市长江水域船舶污染险情的调查和调解,并对其危害进行初步评估
新闻宣传组	市委宣传部	江阴海事局	主要负责对江阴市长江水域船舶污染险情和应急行动进行新闻发布和宣传报道等
		安监局	
		环保局	
专家组	聘请具有专业理论知识和实践经验的各相关学科的专家组成		(1) 提供专业理论和经验的咨询与培训; (2) 为现场指挥救援工作提供技术咨询; (3) 参与险情的调查分析; (4) 参与制定预防措施

4 监测预警

长江水域船舶污染虽然可在短时间内对水质产生严重的影响,但部分突发性水污染在发生后并不能从水体表面直观地发现,这对水环境监测站的日常监测工作提出了较高的要求。而突发性水污染监测预警系统是建立在水环境监测站基础上,通过对水环境监测站获得的信息进行处理,向相关环境管理部门提出预警和处理方案的系统结构。长江水域船舶污染监测预警系统的设计,不仅利用了大数据平台全面采集水环境监测站日常监测自然界水体水质获取的数据,判断自然界的水体环境变化,并结合污染物漂移感知和扩散规律挖掘、突发污染源定位、污染物动向等各方面的智能分析,自动生成水质变化应急处理的有效方案,而且结合了现代技术实现对突发性水污染的自动报警,使相关部门可在第一时间针对长江水域船舶污染展开治理。

5　应急响应

5.1　信息报告

发生险情的码头、生产企业、船舶应立即通过电话或者高频的方式向江阴市水上搜救中心办公室报告险情的具体情况。

江阴市水上搜救中心办公室接到报告后，应要求报警者尽可能提供险情发生的时间、地点、单位、原因、伤亡损失情况等，做好记录，并按程序及时向江阴市水上搜救中心汇报，同时要立即派人员赶赴现场调查并报告。

5.2　先期处置

江阴市水上搜救中心办公室接到险情报告后初步判断响应等级，提出初步处理意见，立即上报江阴市水上搜救中心。在应急救援力量未赶到之前，要尽可能掌握现场最新动态。同时由江阴市水上搜救中心报告江阴市应急办公室。

5.3　分级响应

5.3.1　响应分级

按照船舶污染险情严重性和紧急程度，依据《国家突发环境险情应急预案》分级标准和《突发环境险情信息报告办法》要求，参照《江阴市突发环境险情应急预案》，将突发船舶污染险情的应急响应分为：

Ⅰ级响应（特别重大船舶污染险情）；Ⅱ级响应（重大船舶污染险情）；Ⅲ级响应（较大船舶污染险情）；Ⅳ级响应（一般船舶污染险情）。

5.3.1.1　Ⅰ级响应（特别重大船舶污染险情）

凡符合下列情形之一的，为Ⅰ级响应：

（1）因船舶污染导致10人以上死亡或100人以上中毒的；

（2）因船舶污染需疏散、转移群众5万人以上的；

（3）因船舶污染造成直接经济损失1亿元以上的；

（4）因船舶污染造成区域生态功能丧失或国家重点保护物种灭绝的；

（5）因船舶污染造成地市级以上城市集中式饮用水水源地取水中断的；

（6）跨国界突发环境险情。

5.3.1.2　Ⅱ级响应（重大船舶污染险情）

凡符合下列情形之一的，为Ⅱ级响应：

（1）因船舶污染导致3人以上10人以下死亡或50人以上100人以下中毒的；

（2）因船舶污染需疏散、转移群众1万人以上5万人以下的；

（3）因船舶污染造成直接经济损失2 000万元以上1亿元以下的；

（4）因船舶污染造成区域生态功能部分丧失或国家重点保护野生动植物种群大批死亡的；

（5）因船舶污染造成江阴长江水域大面积污染，或县级城市集中式饮用水源地取水中断的；

（6）跨省（区、市）界突发环境险情。

5.3.1.3 Ⅲ级响应（较大船舶污染险情）

凡符合下列情形之一的，为Ⅲ级响应：

（1）因船舶污染直接导致1人以上3人以下死亡或10人以上50人以下中毒的；

（2）因船舶污染需疏散、转移群众5 000人以上1万人以下的；

（3）因船舶污染造成直接经济损失500万元以上2 000万元以下的；

（4）因船舶污染造成国家重点保护的动植物物种受到破坏的；

（5）因船舶污染造成乡镇集中式饮用水水源地取水中断的；

（6）跨地市界突发环境险情。

5.3.1.4 Ⅳ级响应（一般船舶污染险情）

除Ⅰ级响应（特别重大船舶污染险情）、Ⅱ级响应（重大船舶污染险情）、Ⅲ级响应（较大船舶污染险情）以外的突发船舶污染险情。

上述有关数量的表述中，“以上”含本数，“以下”不含本数。

5.3.2 响应程序

江阴市水上搜救中心根据初始评估结论，判断船舶污染险情可能的规模、影响等，立即向总指挥和副总指挥报告。江阴市水上搜救中心办公室根据领导机构指令向各应急反应成员单位和应急专业、志愿者队伍（成员单位和应急救援队伍等见附件）发出通报或指令，并根据险情情况向周边码头、船舶通报，准备应急资源。应急救援预案启动按以下规定执行：

构成Ⅳ级响应（一般船舶污染险情）：江阴市水上搜救中心报请市政府启动相应程序及相关预案，并按预案要求开展救援工作，同时上报无锡市突发环境污染事故应急指挥中心。

构成Ⅲ级响应（较大船舶污染险情）：江阴市水上搜救中心应在4 h内向江苏省水上搜救中心，无锡市突发环境污染事故应急指挥中心、市政府报告，按照江苏省水上搜救中心和无锡市突发环境污染事故应急指挥中心的指令开展应急救援工作。

构成Ⅱ级响应（重大船舶污染险情）和Ⅰ级响应（特别重大船舶污染险情），江阴市水上搜救中心应在1 h内向省突发环境污染事故应急指挥中心、省水上搜救中心、无锡市政府和江阴市政府报告。Ⅰ级响应由国务院或国务院授权部门启动相应程序；Ⅱ级响应由省政府向国务院请示后启动相应程序。

5.3.3 响应措施

江阴市水上搜救中心应及时组织专家组对船舶污染可能造成的影响及处置措施进行研究，提出处置建议供应急总指挥决策。

江阴市水上搜救中心应根据险情的特点及专家意见制定应急处置行动方案，根据应急总指挥的指令指定现场指挥，按照应急处置行动方案组织实施应急救援行动。

江阴市水上搜救中心协调调动成员单位、社会力量等应急处置力量赶赴现场，开展应急救援行动。各成员单位在接到调动通知后，应尽快按照职责分工赶到指定地点，各司其职，听从现场指挥的指挥和调派。

江阴市水上搜救中心应及时将船舶污染险情情况和救援情况报告市委、市政府领导，及上级有关部门。

5.3.4　信息报送与处理

一旦启动Ⅰ、Ⅱ、Ⅲ级应急响应，江阴市水上搜救中心应参照“江阴市突发环境险情应急预案”及时向江苏省水上搜救中心、江阴市应急办等机构报告。

5.4　应急结束

江阴市水上搜救中心在确认污染险情的影响已消除，各项环境质量指标已恢复到正常水平，公众健康安全得到充分保证的前提下，报市政府批准后，经总指挥发布终止应急行动的命令。

江阴市水上搜救中心组织各应急救援力量清理事故现场后有序撤离。

5.5　后期处置

5.5.1　善后处置

险情发生地政府负责船舶污染事故的善后工作，安置慰问受害和受影响人员，尽快恢复正常秩序，保障社会稳定。

5.5.2　调查评估

江阴市水上搜救中心负责对应急行动效果进行评估，评估报告报市政府。

5.5.3　清污费索赔取证和记录

凡参与清除船舶污染损害、需要索取清除污染费用的单位和个人，在清除污染工作结束后，应尽快向江阴市水上搜救中心办公室提交索取清除污染费用报告书，该报告书应包括：

(1) 清除污染的时间、地点、日程记录，是船舶的还需包括《航行日志》摘录等；

(2) 投入的人力、机具、船只、清除材料的数量、单价、计算方法；

(3) 组织清除的管理费、交通费及其他有关费用；

(4) 清除效果报告及情况报告；

(5) 其他有关证据和证明材料。

5.5.4　损害赔偿

船舶污染事故引起的损害赔偿责任和赔偿金额的纠纷，可以根据受害人的请求，由环境保护主管部门或者海事管理机构、渔业主管部门按照职责分工调解处理；调解不成的，受害人可以向人民法院提起诉讼。受害人也可以直接向人民法院提起诉讼。

因受到损害的受害人人数众多的，可以依法由受害人推选代表人进行共同诉讼。

环境保护主管部门和有关社会团体可以依法支持因船舶污染险情受到损害的当事人向人民法院提起诉讼。

政府鼓励法律服务机构和律师为水污染损害诉讼中的受害人提供法律援助。

5.5.5　奖惩

船舶污染险情应急救援工作实行行政领导负责制和责任追究制。对处置工作中作出突出贡献的先进集体和个人给予表彰和奖励。对在处置工作中失职、渎职的，依据有关规定给予行政处分；构成犯罪的，由司法机关依法追究刑事责任。

5.6 新闻和信息发布

5.6.1 发布原则

以公开为原则、以不公开为例外，按照及时回应的基本要求，做好突发事件新闻和信息发布工作，以及舆情监督和舆论引导工作。

5.6.2 发布机构及程序

应急处置中对外发布的所有信息，均由江阴市水上搜救中心确认后由市委宣传部统一向公众发布。

5.6.2 发布方式

采用多种方式，保证突发事件影响范围内的民众都能快速、及时、有效地获得应急准备、疏散、逃生的信息，包括：

（1）区域内群发短信；

（2）政府门户网站、官方微信、微博；

（3）区域内高音喇叭通告；

（4）电视、广播等滚动播报；

（5）新闻发布会。

6 应急保障

各成员单位和各相关管委会、镇、街道要根据本预案的要求，切实做好应对船舶污染险情处置的人力、物力、财力、交通运输、医疗卫生、安全警戒等保障工作，保障应急救援的急需和受灾群众的基本生活，以及灾后重建工作的顺利进行。

6.1 资源保障

6.1.1 应急队伍保障

海事、环保、安监、公安、消防、医疗救护等救援队伍是长江水域船舶污染险情应急救援的专业队伍和骨干力量；各危险品码头单位、清污单位应抽调精干人员组成救援志愿队伍。

各成员单位和相关社会力量组建的应急专业队伍要规模适度、工种配套、设备齐全，经常开展对船舶污染险情应急处理的相关知识和技能的学习，加强演练，不断提高应急处置和现场救援能力。

6.1.2 应急物资保障

各码头单位应按照相关标准配备防治污染的应急设备和设施作为应急物资储备力量，要明确专门的部门和保管人员，定期检查、保养、维修、更换，确保随时可用。

相关成员单位要加强应急储备物资管理和维护，确保装备设施的完好。如应急救援储备物资供应不足时，可请示市政府通过上级政府或其他县、市进行物资装备调剂，确保供应充足。必要时，可依法动员或征用社会物资。

6.2 资金保障

（1）船舶污染险情应急处置工作所必需的资金，由市财政予以保障；

(2) 应急处置资金使用范围包括江阴市水上搜救中心确定的工作项目以及用于应急处置信息化建设、日常运作和保障,相关科研和成果转化、预案修订、应急队伍建设、专项奖励等;

(3) 江阴市水上搜救中心负责编制船舶污染险情应急处置资金的年度预算计划并报市政府批准,同时负责资金的使用和管理;

(4) 市财政部门负责监督船舶污染险情应急处置资金的使用。

6.3　通信保障

在船舶污染险情应急响应中,江阴市水上搜救中心办公室、各相关部门及人员在相互联络中应视具体情况,遵循方便、快捷、有效的原则,选择使用各种通信设备,保障通信畅通。

6.4　医疗卫生保障

现场处置工作人员在正确、完全佩戴好防护用具后,方可进入事故现场,以确保自身安全。救灾物资运送分配、转移安置受灾群众等工作由事发地政府负责组织实施。

6.5　交通运输保障

市交通运输局和市港口管理局负责组织应急处置物资的陆路和水路运输;市公安局对险情现场和相关通道实行交通管制,确保救援物资、器材、人员等紧急运输到位;江阴海事局负责水上交通秩序维护。

6.6　治安保障

陆域由市公安局牵头,相关单位参与。负责对现场陆域及周围人员进行防护指导、人员疏散及周围物资转移、布置安全警戒,禁止无关人员和车辆进入危险区域,在人员疏散区域进行治安巡逻,加强对重点地区、重点场所、重点人群、重要物资和设备的安全保护,依法打击应急处置中扰乱社会秩序、危害公共安全、侵犯人身安全和公司财产安全的违法犯罪活动。必要时,根据江阴市水上搜救中心要求,依法采取有效管制措施,控制事态,维护正常社会秩序。水域由江阴海事局牵头,市公安局、长航公安江阴派出所参与。公安机关负责现场水上治安工作;江阴海事局负责对现场水域的交通管制和安全维护。

7　预案管理

7.1　通则

应急预案编制责任主体应建立持续改进机制,建立应急预案的宣传教育、培训、演练、评估、修订和废止的程序,且每一个环节都应有书面或语音记录,并留档备查。

7.2　培训

江阴市水上搜救中心办公室应有计划地开展防止船舶污染的专业知识、应急救援和处置知识培训，进一步增强沿江码头单位和从业人员的防范意识，提高单位和个人自救互救能力。

7.3 演练

江阴市水上搜救中心办公室不定期组织船舶污染险情应急演练，提高各联动单位和生产经营(运输)单位的实战应对能力，做好实施应急处置的各项准备，确保一旦发生船舶污染险情，能迅速投入应急救援中。

7.4 预案修订

本预案由江阴海事局根据情况变化及时修订完善，报江阴市人民政府批准后实施，并报江苏省水上搜救中心备案。

7.5 预案实施

本预案自印发之日起施行。

8 附则

8.1 预案解释

本预案由江阴海事局负责编制与解释。

8.2 预案报备

为加强做好江阴市长江水域船舶污染事故报备工作，根据上级职能部门要求，特制定本制度。

(1) 本制度适用于江阴市长江水域船舶污染事故、应急预案等工作的信息告知及报备。

(2) 本制度所称信息告知报备，是指各类信息及相关应急预案的报备及指导和监督工作。

(3) 相关应急预案及各类信息资料整理实施步骤是报备主体。

(4) 应急预案的报备应坚持定期报备、动态更新、及时准确的原则。

(5) 报备主要内容包括基本信息、监测信息、管控信息、预警信息和事件信息等。(其中，预警信息报备包括预警事件类型、级别，可能影响区域范围、持续时间，以及将采取的应急措施等。事件信息报备包括重大风险源导致的突发事件名称、类型、级别、发生时间、造成的人员伤亡和损失、应急处置情况、调查处理报告、持续改进措施等。)

8.3 预案实施部门

江阴市各镇人民政府、各街道办事处、高新区管委会、临港经济开发区管委会、市各委办局、市各直属单位。

8.4 预案有效期

从实施时间起，长期有效。

8.5 预案实施时间

本预案自印发之日起施行。

9 附件

附件:1. 船舶污染事故应急处置成员单位通讯录(见附表 3-7)
2. 船舶污染险情应急清污队伍联系表(见附表 3-8)
3. 各码头单位应急设施设备分布表(见附表 3-9 至附表 3-12)
4. 从事船舶打捞作业单位统计表(见附表 3-13)
5. 转驳车/船联系表(见附表 3-14)

附表 3-7　船舶污染事故应急处置成员单位通讯录

序号	单位名称	办公电话
1	市委宣传部	0510-86860804
2	市政府办公室(应急办)	0510-86861234
3	江阴海事局	0510-86856348
4	江阴市财政局	0510-86861105
5	江阴市公安局	0510-86826060
6	江阴市民政局	0510-86861521
7	江阴市交通运输局	0510-86080027
8	江阴市水利农机局	0510-86861317
9	江阴市农林局	0510-86861357
10	江阴市卫生局	0510-86861205
11	江阴市环保局	0510-86008100
12	江阴市安监局	0510-86862228
13	江阴市港口管理局	0510-86867201
14	江阴市公共事业管理局	0510-86099611(办公室)、86099688(应急办)
15	江阴市气象局	0510-86296951
16	江阴市消防大队	0510-86826580
17	长航公安苏州分局水上消防支队	0512-82568936、82568938
18	长航公安江阴派出所	0510-86847110
19	江阴国家高新区	0510-86869810
20	江阴临港经济开发区	0510-86868123

附表 3-8　**船舶污染事故应急清污队伍联系表**

序号	单位	地址/联系方式	性质	人数	主要业务内容
1	中石化长山油库码头	江阴滨江路 213 号 0510-86192940	长山码头应急队伍	14	油污、化工品应急反应
2	江苏丽天石化码头有限公司	江阴市润华路 9 号 0510-86092998、86092972	丽天码头应急队伍	10	油污、化工品应急反应
3	中油销售江苏有限公司	江阴市滨江开发区蒋家村 139 号 0510-86191205、86197271	中油江阴油库码头应急队伍	14	油污、化工品应急反应
4	江阴奥德费尔嘉盛码头有限公司	江阴市临港新城滨江西路 1314 号 0510-86669102、86669136	奥德费尔码头应急队伍	14	油污、化工品应急反应
5	南荣石油化学有限公司	江阴经济开发区南荣璐 1 号恒阳仓储 0510-86668803、86668802	南荣码头应急队伍	9	油污、化工品应急反应
6	江阴澄利散装化工有限公司	江阴经济开发西区滨江西路 1200 号 0510- 86281316、86276565、86668720	澄利码头应急队伍	5	油污、化工品应急反应
7	江阴华西化工码头有限公司	江阴临港新城石庄办事处诚信路 1 号 0510-86668888、86668570	华西码头应急队伍	14	油污、化工品应急反应
8	江苏利士德化工有限公司	江阴利港工业园双良路 27 号 0510-86630291、86667938	利士德码头应急队伍	13	油污、化工品应急反应
9	江阴市扬远船舶服务有限公司	江阴市滨江中路 205 号 0510-86856455、86858198，13861858063(胡卫峰)	防污染接收单位	14	油污、化工品应急反应
10	江阴市润海船舶服务有限公司	江阴市滨江中路 298 号三楼 0510-86809358，13701522776(殷家华)	防污染接收单位	11	油污、化工品应急反应

附表 3-9　**各码头单位应急设施设备分布表——围油栏分布表**

序号	设备名称	单位名称	种类型号	存放场所	长度
1	围油栏	中船澄西船舶修造有限公司 0510-81668363	橡胶围油栏	31°55′30.70″N　120°13′56.95″E	470 m
2	围油栏	中船澄西船舶修造有限公司 0510-81668363、81668558	PVC 围油栏	31°55′30.70″N　120°13′56.95″E	150 m
3	围油栏	江阴奥德菲尔嘉盛码头有限公司	橡胶围油栏 1000 型	31°57′50.4″N　102°01′02.9″E	1 783 m
4	围油栏	江阴市润海船舶服务有限公司	GW900	白屈港	300 m
5	围油栏	中油销售江苏有限公司储运分公司	800 型	43°50′N　126°30′E	300 m
6	围油栏	南荣石油化学有限公司 0510-86667950	固定浮子式	南荣码头	1 000 m
7	围油栏	江阴恒阳化工储运有限公司 0510-86667950	固定浮子式	码头	1 000 m
8	围油栏	江阴市港汇船舶防污服务有限公司 0510-86851233	XLGW1000	长山中油码头	1 200 m
9	围油栏	江阴市港汇船舶防污服务有限公司 0510-86851233	XLGW1000	华西化工码头	2 500 m
10	围油栏	江阴市江平船舶工程有限公司	TXW800/TXW800	江平船舶上面	1 000 m
11	围油栏	江阴扬远船舶服务有限责任公司	TXW600-1200	长山	600 m
12	围油栏	江苏华西化工股份有限公司 0510-86668553	XLQV-1000	华西化工码头	1 300 m
13	围油栏	江阴长江拆船厂 0510-86167268	GWJ750	长江村一号港池	1 000 m
14	围油栏	江阴阿尔法石油化工码头有限公司	WGT800	30°57′N　120°E	640 m
15	围油栏	江阴阿尔法石油化工码头有限公司	WXLG1000	30°57′N　120°E	720 m
16	围油栏	江阴阿尔法石油化工码头有限公司	WGP900	30°57′N　120°E	1 045 m
17	围油栏	江阴利士德化工有限公司 0510-86630249	XLQ-1000	31°56′N　120°06′E	700 m
18	围油栏	江阴市夏港长江拆船厂 0510-86167268	GWJ750	码头	1 800 m
19	围油栏	江苏丽天石化码头有限公司 0510-86092111	WGT-1000	码头	780 m
20	围油栏	江苏丽天石化码头有限公司	WGJ1000	码头前沿	720 m

附表 3-10　　各码头单位应急设施设备分布表——转驳泵分布表

序号	设备名称	单位名称	种类型号及数量	存放场所	转驳速率	储存容器尺寸	备注
1	应急移动泵	江阴澄利散装化工有限公司	5 个	澄利码头库区	20 m^3/h	8 m^3	
2	污水处理泵	江阴阿尔法石油化工码头有限公司	4 个	阿尔法石油化工码头	15 m^3/h	8 m^3	
3	潜水泵	江苏利士德化工有限公司	4 台	利士德码头 3 个泊位	12.5 m^3/h	8 m^3	
4	自吸式离心泵	江阴奥德费尔嘉盛码头有限公司	50-cyz-a-12　5 台	江阴奥德费尔嘉盛码头有限公司	12.5 m^3/h	9 m^3	
5	气动隔膜泵	江阴奥德费尔嘉盛码头有限公司	2 台	江阴奥德费尔嘉盛码头有限公司库区	流量 25 m^3/h，扬程 30 m，进口口径 2′	28 m^3	
6	潜水排污泵	江苏江阴港集装箱有限公司	100WQ100-30-15　1 台	江阴港集装箱码头 8# 场地	100 m^3/h	12 m^3	
7	潜水排污泵	江苏江阴港集装箱有限公司	100WQ100--25-11　1 台	江阴港集装箱码头 2# 场地	100 m^3/h	12 m^3	
8	潜水排污泵	江苏江阴港集装箱有限公司	100WQ100-25-7.5　1 台	江阴港集装箱码头 2# 场地	65 m^3/h	8 m^3	
9	液下式排污泵	中石化江阴石油分公司	YW　3 只	长山 2# 码头	80 m^3/h	12 m^3	
10	离心泵	中油江阴油库码头	IS65-50-160　3 台	中油江阴油库码头	80 m^3/h	12 m^3	流量 25 m^2/h，扬程 32 m
11	离心泵	中油江阴油库码头	Szw125-100　2 台	中油江阴油库码头	100 m^3/h	12 m^3	流量 200 m^3/h，扬程 50 m
12	应急移动泵	江苏暨阳轮渡有限公司利港分公司	1 台	江苏渡 9 号	80 m^3/h	12 m^3	
13	应急移动泵	江苏暨阳轮渡有限公司利港分公司	1 台	利渡 3 号	80 m^3/h	12 m^3	
14	油水分离器	江阴市润海船舶服务有限公司	1 台	通源油 001	5 m^3/h	4 m^3	
15	应急移动泵	江阴市润海船舶服务有限公司	5 台	通源油 7001，通源油 001，兴城机 018	9 m^3/h	6 m^3	
16	应急移动泵	南荣石油化学有限公司	1 台	码头前沿	80 m^3/h	12 m^3	
17	应急移动泵	振华港机	2#、3# 码头各 2 只	2#、3# 码头	80 m^3/h	12 m^3	
18	应急移动泵	江阴市夏港长江拆船厂	20 台	码头岸边	80 m^3/h	12 m^3	
19	应急移动泵	中国石化江苏江阴石油分公司	501W20-12.5　1 台	码头岸边	80 m^3/h	12 m^3	
20	应急移动泵	中石化江苏江阴化工经营部	QJL25G 高压泵　1 台	码头岸边	80 m^3/h	12 m^3	

附表 3-11　各码头单位应急设施设备分布表——溢油回收系统分布表

序号	设备名称	单位名称	种类型号	存放场所	适用水域	适用溢油粘度或种类	备注
1	吸油机	江阴澄利散装化工有限公司	DBY-15B	澄利码头污水池	澄利码头	最大收油速率 3～45 t/h	2 台
2	污水处理设备	江阴澄利散装化工有限公司	氧化钙粉	澄利码头库区	澄利码头	2 t	3 个
3	吸油机	江阴阿尔法石油化工码头有限公司	DS10T	阿尔法石油化工码头库房	阿尔法石油化工码头库房	最大收油速率 3～60 t/h	1 台
4	带式收油机	江阴奥德费尔嘉盛码头有限公司	DS10T	奥德费尔嘉盛码头综合用房	奥德费尔嘉盛码头	最大收油速率 3～60 t/h	2 台
5	收油桶	江阴奥德费尔嘉盛码头有限公司	200L	奥德费尔嘉盛码头码头综合用房	奥德费尔嘉盛码头码头	10 个	
6	污水池	江苏江阴港集装箱有限公司	混凝土浇注	江苏江阴港集装箱码头 8# 场地	江苏江阴港集装箱码头	300 m^3	1 个
7	吸油机	江阴市润海船舶服务有限公司	ZSY5	通源油 7001	江阴水域	转盘式 5 m^3/h	1 台
8	污水收集池	南荣石油化学有限公司	混凝土浇注	码头前沿	南荣码头水域	200 m^3	1 个
9	吸油机	江阴市夏港长江拆船厂	ZSY-10D	码头前沿	码头水域最大收油速率 3～30 t/h	10 台	
10	污水收集机	中国石化化工销售有限公司江苏江阴化工经营部	80FY-30	长山码头前沿	码头水域	最大收油速率 3～60 t/h	1 台

附表 3-12　　各码头单位应急设施设备分布表——吸油材料分布表

序号	单位名称	种类型号及数量	存放场所	材质	备注
1	中船澄西船舶修造有限公司	吸油毡 0.3 t	澄西船厂码头内	PP-2	
2	江阴奥德菲尔嘉盛码头有限公司	吸油毡 1 t	31°57′50.4″N　102°01′02.9″E	PP-2	
3	中石化江苏江阴石油分公司	吸油毡 0.2 t	码头值班室仓库		
4	江阴市润海船舶服务有限公司	吸油毡 0.5 t	通源油 7001，通源油 001，兴城机 018	PP-2	
5	中油销售江苏有限公司储运分公司	吸油毡 0.05 t	43°50′N　126°30′E		
6	南荣石油化学有限公司	吸油毡 0.2 t	南荣码头	聚丙烯	
7	江阴恒阳化工储运有限公司	吸油毡 0.5 t	码头综合库房	聚丙烯	
8	江阴市港汇船舶防污服务有限公司	吸油毡 1.2 t	利港、长山油库 3# 码头	PP-1	
9	江阴澄利散装化工有限公司	吸油毡 0.8 t	澄利码头		
10	江阴市江平船舶工程有限公司	吸油毡 0.5 t	江平船舶上	PP-2	
11	江阴扬远船舶服务有限责任公司	吸油毡 8 t	公司仓库	PP-1/PP-2	
12	江苏华西化工股份有限公司	吸油毡 0.5 t	华西化工码头	QBY-100	
13	江阴阿尔法石油化工码头有限公司	吸油毡 1 t	阿尔法码头	PP-1	
14	江苏利士德化工有限公司	吸油毡 0.7 t	31°56′N　120°06′E	PP-2	
15	江阴市夏港长江拆船厂	吸油毡 0.2 t	夏港		
16	江苏丽天石化码头有限公司	吸油毡 0.5 t	丽天码头	TT-2	
17	江阴市夏港长江拆船厂	吸油毡 0.5 t	长江拆船厂码头前沿	PP-F	
18	中国石化化工销售有限公司江苏江阴化工经营部(长山)	吸油毡 0.6 t	长山码头	PP-2	

附表 3-13

从事船舶打捞作业单位统计表

序号	单位	联系人	联系电话	作业范围	作业资质
1	盐城市荣泰打捞疏浚工程有限责任公司	徐德林	13961625908	沉船/沉物打捞，河道疏浚，码头拆除和建筑施工安装，水下作业及水下基础工程施工	打捞：内河二级，空载排水量不超过 1 000 t 沉船打捞，单件不超过 1 000 t 沉物打捞
2	盐城市沿江打捞疏浚工程有限公司	徐德林	13961625908	物资打捞、河道疏浚/码头拆除安装，水下工程作业	打捞：内河三级，空载排水量不超过 500 t 沉船打捞，单件不超过 500 t 沉物打捞
3	江苏亚龙航务打捞有限公司	丁德超	13906109458 13646105632	长江/内河/沿海航道疏浚吹填，船舶/物资打捞，码头/桥梁/涵洞工程施工安装	打捞：内河二级，空载排水量不超过 1 000 t 沉船打捞，单件不超过 1 000 t 沉物打捞
4	江苏蛟龙打捞航务工程有限公司	范玉龙	13611862613	内河打捞（一级），港口与航道工程施工总承包（二级），非爆破拆除	港口与航道工程施工总承包 2 级，内河 5 000 t 以下码头，内河 1 000 t 级以下航道工程。打捞：内河一级，空载排水量不超过 2 000 t 沉船打捞，单件不超过 2 000 t 沉物打捞
5	江阴云亭治安疏浚打捞队	徐纪龙	13906161211	疏浚挖泥	疏浚挖泥
6	江阴市澄北可盛水上起重打捞工程队	黄扣根	13706161019	起重/打捞/水上、水下工程施工	主营起重打捞，兼营水上、水下施工
7	江苏泛洲船务有限公司	曹建国	13913356500	大型拖带	

附表 3-14

转驳车/船联系表

序号	船名	所有部门地址、联系电话	船舶尺度和总吨位	种类	舱容
1	中航油 088	江阴市润海船舶服务有限公司 13815278999 13701522776	30 m、5.6 m，106 吨位	油船	160 t
2	苏无锡油 38088	江阴广顺船舶服务有限公司 13771230382	29.8 m、5.75 m，105 吨位	油船	170 t
3	苏无锡油 00038	江阴洁海船舶服务有限公司 13861646921	26 m、5.2 m，74 吨位	油船	94 t
4	澄宁港 999	江阴市江平船舶工程有限公司 15061777892 13961616708	56 m、10 m，575 吨位	油船	980 t
5	俞垛油 98	江阴市江平船舶工程有限公司 15061777892 139616167083	0.5 m、5.9 m，93 吨位	油船	200 t
6	宁港 999	江阴市江平船舶工程有限公司 15061777892 13961616708	56 m、10 m，562 吨位	油船	980 t
7	靖航机 853	江阴扬远船舶服务有限责任公司 0510-86856455	20 m、4 m，29 吨位	油船	35 t
8	靖航机 1668	江阴扬远船舶服务有限责任公司 0510-86856455	26 m、5.2 m，73 吨位	油船	80 t
9	扬远 1 号	江阴扬远船舶服务有限责任公司 0510-86856455	39 m、7 m，197 吨位	散化船	300 m^3

参 考 文 献

[1] 蔡冠华，黎伟.美国应急预案体系研究及对我国的标准化建议[J]. 质量与标准化，2013(7)：42-45.

[2] 曹海峰.法国应急管理体制的特点[N].学习时报，2015-09-07(5).

[3] 陈丽.德国应急管理的体制、特点及启示[J].西藏发展论坛，2010(1)：43-46.

[4] 陈全年.中德危机管理的比较与思考[J].兵团党校学报，2009(5)：67-70.

[5] 戴永安.中国城镇化效率及其影响因素：基于随机前沿生产函数的分析[J].数量经济技术经济研究，2010(12)：103-117，132.

[6] 邓仕仑.美国应急管理体系及其启示[J].国家行政学院学报，2008(3)：102-104.

[7] 董帅.我国应急管理宣传教育体系建设研究[D].成都：电子科技大学，2016.

[8] 樊丽平，赵庆华.美国、日本突发公共卫生事件应急管理体系现状及其启示[J].护理研究，2011，25(7)：569-571.

[9] 方韶东.浅谈英国法制与应急管理机制[J].防灾博览，2011(3)：63-69.

[10] 高芙蓉.突发公共事件应急管理[M].北京：经济科学出版社，2014.

[11] 高萍，于汐.中美日地震应急管理现状分析与研究[J].自然灾害学报，2013，22(4)：50-57.

[12] 顾桂兰.日本应急管理法律体系的六大特点[J].中国应急救援，2010(2)：48-51.

[13] 郭晓丹，杨悦.美国应急管理的法制建设及 FDA 相关部门设置对我国的启示[J].中国药房，2010，21(9)：781-784.

[14] 国务院发展研究中心课题组.我国应急管理行政体制存在的问题和完善思路[J].中国发展观察，2008(3)：25-31.

[15] 国务院应急办赴英培训考察团.英国应急管理的特点及启示[J].中国应急管理，2007(7)：54-58.

[16] 何颖.中德应急管理体制比较[J].攀登，2010，29(1)：55-60.

[17] 华梅.德国应急管理考察及体会[J].中国应急管理，2010(3)：49-55.

[18] 黎伟，蔡冠华.美国应急预案体系对我国的启示[J].安全，2013，34(11)：17-20.

[19] 李格琴.英国应急安全管理体制机制评析[J].国际安全研究，2013，31(2)：124-135，159.

[20] 李宏.美国突发事件管理系统(NIMS)的启示与借鉴[J].中国人民公安大学学报(社会科学版)，2014，30(6)：96-102.

[21] 李娟.我国“一案三制”框架下公共安全应急法制建设研究[J].信访与社会矛盾问题研究，2017(3)：72-85.

[22] 李攀.中日两国突发事件应急处置比较研究[D].上海：华东政法大学，2015.

[23] 李强，陈宇琳，刘精明.中国城镇化“推进模式”研究[J].中国社会科学，2012(7)：82-100.

[24] 李树,率昭河,唐朝纲,等.城市化进程对火灾的影响关系分析[J].消防科学与技术,2006(3):396-398.

[25] 李雪峰.美国国家应急预案体系建构及其启示[J].中国应急管理,2012(7):14-19.

[26] 李雪峰.美国应急管理规程体系建设的启示[J].行政管理改革,2013(2):51-55.

[27] 李雪峰.英国应急管理的特征与启示[J].行政管理改革,2010(3):54-59.

[28] 李志祥,刘铁忠,王梓薇.中美国家应急管理机制比较研究[J].北京理工大学学报(社会科学版),2006(5):3-7.

[29] 凌学武.德国应急管理概览[J].吉林劳动保护,2011(9):44-45.

[30] 凌学武.联邦制下的德国应急管理体系特点[J].江西行政学院学报,2009,11(4):18-21.

[31] 刘焕成,刘芬,刘爽.美国应急管理现状及对我国的启示[J].情报科学,2009,27(11):1619-1622,1630.

[32] 刘文俭,井敏.法国应急管理的特点与启示[J].行政论坛,2011,18(3):92-96.

[33] 刘亚娜,罗希.日本应急管理机制及对中国的启示:以“3.11 地震”为例[J].北京航空航天大学学报(社会科学版),2011,24(5):16-20.

[34] 陆秋君.日本核事故对完善我国核应急法律制度的启示[J].求索,2012(6):237-239.

[35] 路敏.我国灾害应急法制之研究[D].上海:复旦大学,2009.

[36] 罗章,李韧.中日应急管理体制要素比较研究[J].学术论坛,2010,33(9):76-82.

[37] 庞宇.美日澳应急管理体系现状及特点[J].科技管理研究,2012,32(21):38-41.

[38] 庞宇.英国郡级辖区应急预案的做法及启示:以牛津郡为例[J].中国应急管理,2012(5):32-36.

[39] 闪淳昌.中国突发事件应急体系顶层设计[M].北京:科学出版社,2017.

[40] 闪淳昌,薛澜.应急管理概论:理论与实践[M].北京:高等教育出版社,2012.

[41] 闪淳昌,周玲,方曼.美国应急管理机制建设的发展过程及对我国的启示[J].中国行政管理,2010(8):100-105.

[42] 闪淳昌,周玲,钟开斌.对我国应急管理机制建设的总体思考[J].国家行政学院学报,2011(1):8-12,21.

[43] 尚志海.城市自然灾害前瞻性风险管理与绩效评估[J].灾害学,2017(2):1-6.

[44] 孙亮,顾建华.美国政府对卡特里娜飓风的调查报告 联邦政府对卡特里娜飓风的响应:经验与教训(三)[J].世界地震译丛,2008(4):69-81.

[45] 孙明,李响,易好磊.小城镇雨洪灾害的应急管理研究综述与对策[J].安徽农业科学,2015,43(22):120-122.

[46] 唐波,刘希林.新型城镇化下珠江三角洲城市灾害应急管理:基于易损性空间格局差异[J].中国公共安全,2015,2(39):11-17.

[47] 汪段泳,朱农.中国城市化发展决定因素的地区差异[J].中国人口·资源与环境,2007,17(1):66-71.

[48] 汪海波.我国现阶段城镇化的主要任务及其重大意义[J].经济学动态,2012(9):49-56.

[49] 王宏伟,李贺楼.我国应急管理体制性弊端探因[J].中国减灾,2010(11):40-42.

[50] 王宏伟.美国应急管理的发展与演变[J].国外社会科学,2007(2):54-60.

[51] 王剑.我国城市化进程中的公共安全问题研究[J].中国公共安全(学术版),2011(3):

14-16.
[52] 王明亮，孙静，王亚东，等.以情景构建为基础的美国应急预案体系建设对我国应急管理的启示[J].医学教育管理，2016(2)：458-463.
[53] 王绍玉.城市灾害应急管理能力建设[J].城市与减灾，2003(3)：4-6.
[54] 巫德富，黄宏纯.快速城镇化背景下突发事件应急管理创新能力灰色模糊综合评价研究[J].技术与创新管理，2015，32(4)：389-392.
[55] 吴宗之，郭再富.我国城镇化对安全生产管理的挑战及对策研究[J].中国安全生产科学技术，2014(10)：68-74.
[56] 肖卫平.英国政府应急管理体制及其启示[N].长江日报，2005-05-06(5).
[57] 许灏.关于对美国应急管理体制的考察与思考[J].陕西水利，2012(1)：10-11.
[58] 薛澜，刘冰.应急管理体系新挑战及其顶层设计[J].国家行政学院学报，2013(1)：10-14，129.
[59] 杨素芳，徐方.美国应急管理体制及对我国应急管理工作的启示[J].中国西部科技，2008(2)：50-51.
[60] 姚国章.日本突发公共事件应急管理体系解析[J].电子政务，2007(7)：58-67.
[61] 姚士谋，陆大道，陈振光，等.顺应我国国情条件下的城镇化道路[J].经济地理，2012，32(5)：1-6.
[62] 姚士谋，陆大道，王聪，等.中国城镇化需要综合性的科学思维：探索适应中国国情的城镇化方式[J].地理研究，2011，31(11)：1947-1955.
[63] 游志斌，魏晓欣.美国应急管理体系的特点及启示[J].中国应急管理，2011(12)：46-51.
[64] 游志斌，薛澜.美国应急管理体系重构新趋向：全国准备与核心能力[J].国家行政学院学报，2015(3)：118-122.
[65] 游志斌.日本应急预案的新变化[N].学习时报，2012-08-20(2).
[66] 游志斌.英国政府应急管理体制改革的重点及启示[J].行政管理改革，2010(11)：59-63.
[67] 俞慰刚.日本灾害处置的应急机制与常态管理[J].上海城市管理职业技术学院学报，2008(5)：26-29.
[68] 张磊，龚维斌.法国应急管理的权责关系[J].行政管理改革，2016(1)：63-67.
[69] 张维平.政府应急管理："一案三制"创新研究[M].合肥：安徽大学出版社，2010.
[70] 张伟.城镇化发展中安全生产的难点与对策[J].劳动保护，2013(1)：60-61.
[71] 赵华.国外发达国家核应急管理体制特点及启示[J].现代职业安全，2009(12)：80-82.
[72] 赵菊.英国政府应急管理体制及其启示[J].军事经济研究，2006(10)：77-78.